红色奇迹

造福人类

U0207010

# 红色奇迹来到中国

红色奇迹抗氧化健康中国行公益活动正式启动

2015年11月21日，红色奇迹抗氧化健康中国行在钓鱼台国宾馆正式启动

相关部门领导、来自美国的专家及国内专家、嘉宾共80余人共聚钓鱼台国宾馆参与此次盛会

2015年11月21日，"红色奇迹抗氧化健康中国行启动仪式暨抗氧化与慢性病防治虾青素国际学术研讨会"在北京钓鱼台国宾馆隆重举行。会议由世界天然虾青素协会、中国医疗保健国际交流促进会主办，中国医促会亚健康专业委员会协办。

北京卫视《养生堂》主持人悦悦倾情主持本次盛会

卫生部原副部长张凤楼、世界天然虾青素协会首席科学家Gerald R. Cysewski博士在会后接受中央电视台采访

来自中国、美国的十余名抗氧化专家、学者及虾青素研究人员出席了本次会议

# 抗氧化与慢性病防治

虾青素国际学术研讨会剪影

世界天然虾青素协会首席科学家Gerald博士发表主题演讲

中美十余位专家就抗氧化之王虾青素开展学术研讨。

世界天然虾青素协会发起人Jim Lundeen先生（中）在学术研讨会上

红色奇迹健康中国行工程办公室主任田文勇、副主任杨喜春、刘颖在研讨会上

启动仪式上，中国医疗保健国际交流促进会亚健康专业委员会领导向红色奇迹抗氧化健康中国行工程办公室进行了授牌、授旗仪式。

"红色奇迹抗氧化健康中国行"公益项目，计划将在3年内走进全国31个省、市、自治区，通过组织国内外专家进行抗氧化、虾青素知识的普及，积极推广虾青素科学防治慢性病防治方案，建立和完善慢性病防控综合服务平台，开展健康讲座、健康咨询、慢性病早期筛查、健康干预指导等多种形式，让老百姓掌握抗氧化防治慢性病的方法，让老百姓真正受益。

中国医促会亚健康专业委员会《关于开展红色奇迹抗氧化健康中国行的通知》及《活动实施细则》

红色奇迹抗氧化健康中国行工程办公室为本次活动承办方

本书作者孙存普（右一）、田文勇（左一）与世界天然虾青素协会发起人Jim Lundeen（右二）、美国cyanotech首席科学家Gerald R. Cysewski博士（左二）合影

世界天然虾青素协会发起人Jim Lundeen在大会上发言

中国军事医学研究院原研究员孙存普接受中央电视台专访

美国cyanotech首席科学家Gerald博士欣然为本书作序

本书作者孙存普、田文勇向Gerald 博士赠送中文版新书

# 虾青素

## 红色奇迹 席卷世界

孙存普　田文勇　编著

中国健康传媒集团
中国医药科技出版社

## 内容提要

进入21世纪第二个十年，虾青素已经被国际医学界誉为"红色奇迹"，它的发现和应用对于人体健康有着重要意义和光明的未来。

作为超强抗氧化剂和营养补充剂，虾青素被广泛用于心血管疾病、眼病、糖尿病和美容、抗衰老等领域，已成为国内外研发的热点。有专家预言，虾青素将成为人类预防疾病、延长寿命的新选择。

本书列举了最强大的抗氧化剂虾青素的来历、作用机理和应用案例，向广大的中国读者展示了这一全新营养素的发现、研究及发展，并详细分析了虾青素对人体各类慢性病的作用和效果。

相信本书会对大家的健康带来全新的帮助。

**图书在版编目（CIP）数据**

虾青素：红色奇迹 席卷世界 / 孙存普，田文勇编著 .—北京：中国医药科技出版社，2016.2

ISBN 978-7-5067-7879-4

Ⅰ.①虾… Ⅱ.①孙… ②田… Ⅲ.①虾青素－基本知识 Ⅳ.① Q586

中国版本图书馆 CIP 数据核字（2015）第 261309 号

**美术编辑** 陈君杞

**版式设计** 锋尚设计

出版 **中国健康传媒集团**｜中国医药科技出版社

地址 北京市海淀区文慧园北路甲 22 号

邮编 100082

电话 发行：010-62227427 邮购：010-62236938

网址 www.cmstp.com

规格 710×1000mm $^1/_{16}$

插页 3

印张 $10^1/_2$

字数 140 千字

版次 2016 年 2 月第 1 版

印次 2022 年 1 月第 14 次印刷

印刷 北京市密东印刷有限公司

经销 全国各地新华书店

书号 ISBN 978-7-5067-7879-4

定价 29.80 元

本社图书如存在印装质量问题请与本社联系调换

# 前言

如今，一个很普遍的现实是，尽管人们的健康意识不断提升，养生热不断升温，医院里的人还是越来越多。

如今，排队的地方越来越少了，而在医院，几乎所有的窗口都在排队。

如今，尽管越来越多的中老年人，他们愿意把时间、精力和金钱用于提高自己的生命质量上来，然而疾病还是不可避免地降临到自己头上。

人们从各种渠道获取养生知识，了解让自己摆脱疾病、重获健康的方法。然而病情总是反反复复，人们期待有新的方法，给自己带来希望；人们期待现代科学能有新成果，给自己带来康复的奇迹。

热爱生命的你，听说过虾青素吗？你听说过这个来自于自然界的红色奇迹吗？如果你从没有听说过，那你真的不是一位养生达人；如果你听说过，相信你对它的神奇略有耳闻；如果你已经很了解虾青素，那么恭喜你，你已经走在了健康养生领域的前沿。

大自然的馈赠，来自微藻界的红色奇迹，到底有哪些神奇魅力？为什么会有那么多人断言，在不远的未来，虾青素将改变世界？虾青素为什么被称为世界上最好的保持健康的秘密？

相信你看完本书后，对这种目前还仅仅是少部分人了解的健康领域的新宠，会有更深入的了解和认可，对您的健康也会有一份更有力的帮助。

编者

2015年10月

# 目录

# part 1

第一章 / 红色奇迹
悄然来袭

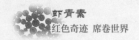
## 一、来自美国的红色奇迹

听听来自美国的世界"虾青素之父"怎么说。

全球公认的微藻领域权威专家，被业界尊称为"虾青素之父"的杰瑞德·西苏斯基博士对于虾青素有三句话。他是这么说的：

（1）对于世界上99%的人来说，虾青素是"世界上最好的保持身体健康的秘密武器"。

（2）天然虾青素具有的许多益处，在不远的未来必定改变世界。

（3）再过几年虾青素一定会成为家喻户晓的名词。

这三句话概括了虾青素在他心目中的意义和地位。

杰瑞德说，我从事天然补充剂和药草领域的工作已经近40年了，但是没有哪一种物质能比虾青素更让我兴奋。科学家们迄今还没有发现哪种物质比虾青素的抗氧化能力更强；而且虾青素的抗炎作用，也被发现越来越广，这意味着这种被称为绿色抗生素的物质，将带来一个全新的应用领域。

人们在补充了虾青素后，出现了机体和体质各方面的改善：包括心血管方面的头晕失眠心悸胸闷消失了；关节痛减轻了；体力恢复了；精力更旺盛了；患感冒及流感的次数少了；再也不怕在阳光下晒黑了，等等。他们将这些奇妙的体会告诉了家人和朋友，然后家人和朋友也获得了同样的效果。这种红色的物质，的确对于生命是一个奇迹。

杰瑞德说，自从14年前在夏威夷介绍、推荐虾青素以来，我们目睹了虾青素的应用像雪球一样越滚越大。今天，在美国的其他各州，虾青素在保健品商店才能买到；但是当你到了夏威夷，你会发现，你可以在沃尔玛超市看到虾青素，20~30箱的虾青素被堆在超市的大卖场，人们像购买普通食品一样方便和自然。显然，这里的人更了解和信任虾

青素。夏威夷的虾青素人均使用量非常高而且还在增长，这一切都是在没有什么广告宣传的情况下实现的。虾青素仅仅靠口碑和医生的推荐，就有了今天这样的局面。

如今从美国到欧洲，从日本到韩国，虾青素已经席卷世界，这股红色浪潮正朝我们扑面而来。

## 二、红色奇迹：让78岁老人完成铁人三项

你了解铁人三项赛吗？这是一项全面考验人体耐力的运动项目：运动员要先游泳3.9公里，然后再骑自行车180公里，之后不是像大多数筋疲力尽的人那样倒下打个盹休息一下，而是要再跑42.195公里的马拉松。

参加铁人三项赛的选手有很多，麦克思先生有什么特别之处呢？他是一位已有78岁高龄的老人！麦克思多年来一直有个梦想，就是完成这项赛事。但从未能坚持完成全部赛程。事实上，我们能理解，我们中间又有几个人能做到呢？麦克思经常是在自行车比赛到一半的时候，他的腿就没劲了，再也骑不动了；或者在最后一项马拉松的时候，他实在是跑不动了，大脑缺氧，胸口憋闷，两腿发软，喘不过气来，难受到不得不放弃比赛。后来，麦克思发现了虾青素，这种红色的物质让他感受到前所未有的能量和活力。他每天坚持补充8毫克的天然虾青素，这样坚持了一年。在他75岁的时候，终于可以完成三项全能比赛了。而且在随后的三年里，他都能完成全部比赛，老人跑到哪里，哪里就是围观的人群，人们为他欢呼，为他加油，老人像是一位明星一样被关注和追逐。

麦克思·波迪克，78岁的三项全能运动员

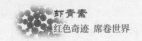

当然，虾青素不仅只是对麦克思这样的老年运动员有帮助。其他人群也都能从中获益。因为虾青素能提高人的活力，增强体力并增强肌肉力量。很多患有慢性疲劳的人说，补充了虾青素之后，浑身有劲了，精力旺盛了，每天不再是懒洋洋的。白天清醒，晚上睡得香，还是什么有比这感觉更好的呢？

如果我们到了78岁那样的年龄，不要说像麦克思老人那样强，要是我们还能完成铁人三项中的一项，我们的身体状况就是相当的棒了，我们该有多么高的生活质量啊。

## 三、日本医学界：多少年没有这么兴奋过了

自从虾青素被发现后，它以超强的抗氧化能力迅速被医学界广泛关注。尤其在日本，来自日本的数十位专家和科研机构做了大量的学术研究和临床试验。日本千叶慈惠大学Kashiwa医院药学实验室和日本东京慈惠大学国际营养和代谢研究所共同研究表明：这种红色天然物质能够消耗人类的甘油三酯，增加高密度脂蛋白。

### 1. 方法

取天然虾青素剂量0，6，12，18毫克/日持续服用12周，并采用安慰剂对照样本：随机选择25～60岁，无糖尿病或高血压，空腹血清甘油三酯120～200毫克/分升非肥胖人群61人。

### 2. 结果

前后对照测试，体质指数（BMI）和低密度脂蛋白（LDL）在上述剂量下均没有影响。然而，甘油三酯减少30%～50%，同时高密度脂蛋白（HDL）显著增高20%～30%，多样本比较显示12和18毫克/日组甘油三酯显著减少30%～50%，6和12毫克/日剂量组高密度脂蛋白（HDL）显著增高20%～30%，12和18毫克/日剂量组血清脂联素增加，并且脂联素的改变与HDL的改变正相关，与年龄体质指

数（BMI）无关。

## 3. 结论

有史以来人类第一次随机双盲对照人体试验的研究显示：这种红色天然物质虾青素能够消耗人类的甘油三酯，增加高密度脂蛋白和脂联素。

另一项旨在验证虾青素对心血管健康的潜在功效的实验，虽然只进行了临床的动物研究实验，但是结果却非常理想。日本的研究人员进行了高血压大鼠的三个单独试验：第一个试验，研究人员发现连续14天补充虾青素使高血压大鼠的血压明显下降，而血压正常的大鼠血压没有下降。他们还发现有中风倾向的大鼠在补充食用虾青素五周后，不但血压下降，而且中风征兆也不断延迟。

日本医学界种种试验得出的总结是，"虾青素对预防高血压和中风以及改善动脉血痴呆患者的记忆力都有益处。"这个研究实验范围非常广泛，并且也开创了虾青素功效的新天地。因此，同一组研究人员于同年进行了另一个研究实验。

第二个研究实验再一次研究了虾青素对高血压大鼠的功效，实验的目标同样是弄清楚虾青素对高血压的机制原理。结果他们发现，虾青素降血压的作用原理可能是源于虾青素对一氧化氮的调节作用。虾青素在调节一氧化氮控制炎症的同时，也控制了血压。该研究实验还进一步研究了虾青素对心脏紧缩的影响作用，心脏的紧缩是通过各种外界因素诱发的，结果发现虾青素改善了这些诱发的因素，说明了虾青素可以减轻心脏病突发导致的一系列后果，该研究实验得出的结论是虾青素有助于改善高血压患者的血液流动，可以改善动脉血管舒张。

2006年，日本的自然医学研究院开始了另一个著名的研究实验。这个研究试验中有一个有趣的发现是虾青素能阻止和修复因过氧化物受损的胰岛素 β 细胞，而胰岛 β 细胞控制人体胰岛素的分泌和活性。故此，虾青素对于糖尿病患者来说意义非凡。

糖尿病能够消极地影响身体的很多器官，尤其能够引发肾功能失调进而造成一种叫作糖尿病肾病。自然医学研究院的研究结果表示：试验进行了12周后，使用虾青素的试验组要比对照组的小鼠血糖含量低。虾青素的使用改善了Ⅱ型糖尿病的氧化压力，进而预防了肾脏细胞的损伤。总之，虾青素可能会成为预防糖尿病肾病的一种新方法。

在一次日本医学界关于虾青素的学术论坛上，科学家们说，很久以来，我们都没有这么兴奋过了。虾青素作为目前发现的最强大的抗氧化剂，到底对人类有多少益处，我们尚不得知。但仅就目前它对心脑血管疾病和糖尿病的改善来看，我们就足以欣慰了。数以百万计的中老年人群，将因此受益于这个神奇的红色物质。

## 四、世界上保持健康最好的武器

由于虾青素前所未有的超强抗氧化能力，它被誉为抗氧化之王。它区别于以往其他抗氧化剂一个最大、最明显的地方在于，它能够对身体的每一个细胞产生保护作用。它能自由穿梭于身体的各个器官、肌肉组织、关节、皮肤以及血液，并对相应的细胞起到保护作用。

还有什么物质能像虾青素这样更好地保护我们的健康呢？

在后面的章节里，我们将为您详细描述虾青素如何畅通无阻地穿越血脑屏障，到达大脑和中枢神经系统；如何穿越视网膜屏障，到达眼睛内部；如何进入关节肌腱中，为你消炎止痛；如何从皮肤到体内，帮助您修复老化和退化的细胞。您将会看到，从心血管系统、免疫系统、生殖系统、消化系统到呼吸系统，虾青素能达到身体各处，并能在各处发挥抗氧化和抗炎症的功效，这一巨大的特性是其他抗氧化剂所不具备的。

虾青素作为纯天然微藻的提取成分，它被证实没有毒副作用。从被应用的那一天至今，天然虾青素的使用还从未出现过任何小的副作用或者禁忌证状。人们即使服用超过每天建议量，最多也只会在手掌心或者足底出现淡淡的橙色，而这种现象也是由于堆积在皮肤中的虾青素着色的效果。

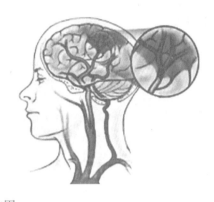

如此功效强大而没有副作用，虾青素对人类健康的意义不可估量。难怪杰瑞德会说，虾青素是世界上让你保持健康最好的秘密武器。

## 五、简单说来，虾青素是怎样的

你知道，目前人类对抗衰老和疾病的最主要手段之一就是抗氧化。

因此你所能见到的营养品和保健品，它们的原理几乎都是抗氧化。包括维生素C、维生素E，辅酶Q10、SOD、花青素、碧萝芷、叶黄素、番茄红素，以及螺旋藻、盐藻等等，而虾青素是目前人类发现的自然界最强大的抗氧化剂。

它到底有多强大？虾青素的抗氧化能力是维生素C的6000倍；是辅酶Q10的800倍；是维生素E的550～1000倍，是花青素的200倍，是硫辛酸的75倍……这些数字，是不是有些令人难以置信？

是的，这也是虾青素被称为红色奇迹的原因。它太强大了，它对人类的生命究竟意味着什么，只能由时间来检验。从虾青素发现到今天，它已经被人们验证的重要结论有两点：

第一是超强抗氧化。这一点已经远远超越了以往的所有天然抗氧化剂。

第二是安全抗炎症。抗生素被广泛应用，但是它们的副作用和安全性饱受非议。而虾青素作为广谱抗炎的纯天然物质，被称为绿色

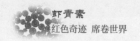

抗生素。

有这两点就足够了。你只需记住抗氧化和抗炎症这两点，虾青素就会让你受益匪浅。

如果还想了解更多一点，你需要知道虾青素作为最新的抗氧化剂，它对人类的以下组织和器官具有不可替代的作用：

（1）保护心脏及心血管的作用。

（2）增强免疫力。

（3）抑制糖尿病及其导致的肾病。

（4）延缓衰老。

（5）有效改善脑梗死和老年痴呆。

（6）缓解关节炎和关节疼痛。

（7）抑制肿瘤。

（8）消炎抗炎。

（9）预防胃的疾病和病痛。

（10）提高精子质量；使女性更易受孕。

（11）缓解视疲劳，提高视力。

（12）让肌肉更持久，保持体力，从疲劳中更快地恢复。

这就是世界上最好的保持健康的秘密——红色奇迹虾青素。它将载入人类抵抗疾病的历史。愿这一新成果能广为人知，让更多的人因此受益，远离疾病，延长他们的健康寿命。

## 六、虾青素——穿透所有屏障 保护全身细胞

### 1. 人体屏障 难以穿透

在人体中，有很多道"屏障"，构成严密的防御体系。这些屏障包括血脑屏障、血眼屏障、血睾屏障、气血屏障、滤过屏障、包膜屏障等等。这些屏障不仅起着保护机体能更好的运转，维持人体内各物质的平衡，促进人体的生长发育，生理状态正常的重要作用，还有对

机体进行保护和防御，防范"外敌入侵"的重要作用。

人体摄入的食物，必须先由水或油脂溶解之后，经过胃肠道的消化吸收，然后转变为各种营养素进入血液。由于这些营养物质的分子结构不同，通过各种屏障时就有难有易：有些很快通过，有些较慢，有些则完全不能通过。

### 2. 水溶? 油溶（脂溶）? 穿透效果大不同

在日常生活中，我们经常可以发现，有的东西放入水中，就可以溶解。而有的东西放入水中不溶解，放入油中却能溶解，这就是物质溶解的不同特性：水溶性或油溶（脂溶）性。为什么会这样？因为不同的物质有不同的分子结构。当它的分子结构中含有亲水基时，它就能够被水溶解，是水溶性物质。当它的分子结构中含有亲油基时，它就能够被油溶解，是油溶性物质。根据溶解性，抗氧化剂可分为两大类：水溶性抗氧化剂和脂溶性抗氧化剂。水溶性抗氧化剂通常存在于细胞质基质和血浆中，脂溶性抗氧化剂则保护细胞膜的脂质免受过氧化。细胞膜在结构上存在着亲水性极性基团和疏水性非极性基团的双重属性，这种特点，决定了单纯为水溶性或油溶性的物质很难穿透细胞膜，即使能穿过，量也非常小，营养物质所起到的作用也大打折扣。

### 3. 屏障穿不透 只能望"氧"兴叹

自然界中存在多种不同的抗氧化剂：酶，维生素，植物营养素如类胡萝卜素等。最近的研究显示很多的普通食品都具有抗氧化功能，市场销售人员开始在广告和标签中以此作为卖点。仅在过去的几年中，像蓝莓、菠菜和橘子这些食品都作为抗氧化剂进行市场推销，我们也听说过咖啡、茶甚至啤酒也是抗氧化剂，我们该相信哪个说法呢？

事实上，这些产品都有一些抗氧化特性，但是衡量抗氧化剂的摄入量及决定使用哪些补充剂时，应该考虑两个关键点：第一点是抗氧化能力。为了达到清除自由基的目的，你可以摄入大量含少量抗氧

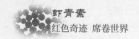
化成分的食品，但效果都不如直接补充一种抗氧化剂。第二点是所服用的抗氧化剂是否具有强大的穿透能力，是否具有以下功能。

（1）能够保护细胞的脂溶性部分和水溶性部分。

（2）可以穿越血脑屏障并对大脑和眼睛起到抗氧化的保护作用。

（3）能与肌肉组织黏合。

（4）一定条件下会演变成一种氧化强化剂进而通过诱导体内的氧化反应产生消极影响（与本应该起到的防止氧化损伤相比较）。

维生素、花青素、辅酶Q10等抗氧化剂，不是水溶性就是脂溶性，这个特性使它们很难穿透人体内的屏障，对细胞、组织、系统起到保护作用，对四处游荡的自由基只能"望氧兴叹"，无可奈何，从而使抗氧化作用大打折扣。让我们看看各种抗氧化剂的溶解特性，就能初步判断它们的抗氧化能力：

水溶性的抗氧化剂：维生素$B_2$、$B_6$、$B_{12}$、C，花青素，蓝莓提取物等。

油溶性的抗氧化剂：维生素A、D、E、K，辅酶Q10，β胡萝卜素等。

## 4. 抗氧化之王水油双溶，穿透所有屏障

许多实验已经证实虾青素是自然界中最强的抗氧化剂，这与虾青素无与伦比的穿透力密切相关。而虾青素强大的穿透力正是源于它完美的分子结构。

也就是说，虾青素分子既有亲油性，也有亲水性，既可溶于油，也可溶于水。这种水油双溶、独一无二的特性，让它穿透各种屏障如入无人之境。

细胞膜在结构上存在着亲水性极性基团和疏水

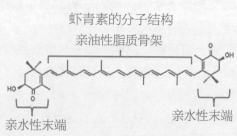

虾青素的分子结构
亲油性脂质骨架

亲水性末端
亲水性末端

一种完美的抗氧化剂：单个虾青素分子中既包含了亲水性成分也有亲油性成分

性非极性基团。正是由于虾青素的分子结构上既有亲水基团又有疏水性基团，因此虾青素能横跨整个细胞膜，亲水端与细胞膜的亲水性部分结合，疏水端与疏水性部分结合。如上图所示，从图中我们

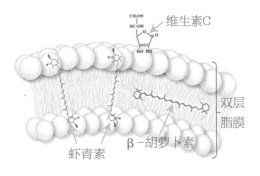

可以清楚地看到，像维生素C这种水溶性的维生素只能依附于细胞膜表面的亲水性部分，因此并不能对整个细胞起保护作用。

虾青素具有以下独特的功能，而β-胡萝卜素和其他类胡萝卜素却没有：

（1）穿越血-脑屏障并对大脑和中枢神经系统起到抗氧化及抗炎的保护作用。

（2）穿越血-脑屏障并对眼睛起到抗氧化及抗炎的保护作用。

（3）有效地穿越身体，给所有器官和皮肤带来抗氧化和抗炎的活性保护作用。

（4）穿越细胞膜。

（5）与肌肉组织黏合。

（6）具有超强抗氧化作用，迅速清除自由基、消除单线态氧。

天然虾青素可以畅通无阻地穿越血脑屏障，到达大脑和中枢神经系统；穿越血眼屏障，进入眼睛；进入关节、肌腱中，缓解运动员、网球运动员的疼痛；进入皮肤，预防紫外线伤害，修复外观老化痕迹。不仅如此，虾青素对于其他器官如心脏、心血管系统、免疫系统、生殖系统以及消化系统都有很强的修复、保护作用。虾青素到达身体各处，并能在各处发挥抗氧化、抗炎等功效，这一巨大的特性是其他抗氧化剂没有的。

很多人会感到无比惊奇，甚至有的人还会感到疑惑，难道天然虾青素就真的如此强悍，对各个器官、系统都有效吗？难道真的能

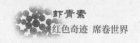
"打败"那么多的疾病吗？当你真正了解虾青素的作用机理，那么就很容易理解它究竟是如何发挥作用的了。

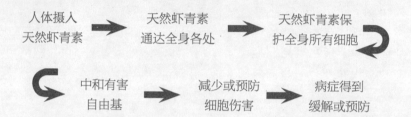

上图就是虾青素进入人体，清除自由基，对细胞起到保护作用原理图。

总之，天然虾青素是一种非常显著的、与众不同的营养素。正是由于它独一无二的水油双溶特性，使其轻松跨越血液大脑屏障、视网膜屏障、血睾屏障等各种屏障，通达全身各处，穿透细胞膜，清除自由基，对各个细胞乃至各个器官、系统产生保护作用。天然虾青素由此也成为世界上最强大、最有效的天然抗氧化剂。

part 2

第二章 / 自由基 一个恐怖的流浪汉

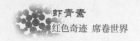

## 一、自由基侵害是百病之源

早在20世纪40年代，科学家就发现生物体内存在自由基信号。1956年美国人哈曼提出衰老自由基机理，认为自由基是衰老与疾病的元凶，被广泛接受。1969年美国人McCord和Fridovich发现了SOD，证实活性氧自由基存在于生物体内。1998年美国人菲希戈特、穆拉德、伊格纳罗三个人因发现氮氧自由基一起获得诺贝尔奖，更加扩大认识了各种不同自由基对机体的伤害。迄今历经数十年研究，人们已经证实，人类备受衰老和疾病折磨的真正原因是自由基对人体的侵害。它是危害人类健康的天然杀手。冠心病、心绞痛、心肌梗死、脑血栓、脑溢血、高血压、高脂血症、糖尿病、癌变、失眠便秘、关节疼痛、四肢麻木……这些常见的慢性疾病都是由于自由基造成的。

权威的疾病理论认为：体内自由基对细胞成分，尤其是对血管血液的有害进攻是人体衰老和多种疾病的根本原因，而所有这一切都是自由基对人体细胞的一个慢性氧化的过程。所以要对抗自由基，就要找到一个强效的抗氧化剂，从源头上扼制疾病的发生。

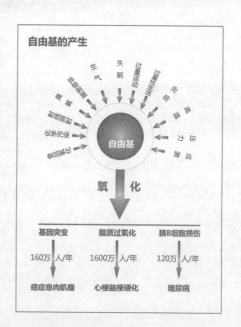

## 二、过氧化给人类带来的损伤和疾病

氧在人体内必不可少，然而过多的氧却会对人体造成不可挽回的损伤，引起多种慢性疾病，甚至产生急性氧中毒导致生命危险。这就是我们平常所说的过氧化损伤。

过量的氧能导致疾病？听起来不可思议，但事实就是如此。

氧的化学特性很活泼，也很危险，在正常的生物化学反应中，氧会变得很不稳定，能够"氧化"邻近的分子，使得物质发生性质的改变，比如：切开的苹果会很短时间就出现棕褐色，铁会生锈等等。在人体内，过度的氧化会引起细胞损伤，从而导致癌症、发炎、动脉损伤以及衰老。氧化对生物体的损害主要表现为自由基的链式反应受到破坏，导致生物膜结构功能发生改变；蛋白质对氧化也是很敏感的，尤其是其中的含硫氨基酸；DNA分子中的碱基和戊糖都是易氧化的位置，氧化可导致DNA断裂、碱基降解和与蛋白质交联，使得遗传物质发生变异或导致细胞死亡。

过氧化是诱发多种慢性疾病的重要原因。比如肿瘤，糖尿病及其并发症、血管硬化、心脑血管疾病、肾病、辐射损伤、免疫性疾病等等，都与其密切相关。

### 三、氧自由基是怎么产生的

在人体内，当氧跟复杂的新陈代谢分子结合时就会生成自由基。自由基极具不稳定性，可以随时与任何可以反应的物质相结合。当它们发生反应时，就产生了"氧化"。氧化过程一旦开始，就会引起连锁反应，生成更多的自由基。

人体内的氧化对人体造成的伤害如同金属生锈一样，短短几年的生锈过程或氧化作用就能毁坏一块坚硬的金属，而因为自由基的侵袭人体很快就变得衰老和疾病缠身。

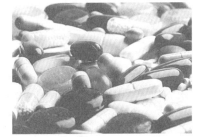

### 四、氧自由基就像一个可怕的流浪汉

在我们这个由原子组成的世界中，有一个特别的法则，那就是：

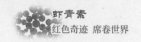
只要有两个以上的原子组合在一起，它的外围电子就一定要配对；如果不配对，它们就要去寻找另一个电子，使自己变得稳定。这种含有不配对电子的原子或分子就叫自由基，它是一种非常活跃、非常不安分的物质。

当一个原子的稳定结构被外力打破，这个原子缺少了一个电子时，自由基就产生了，于是它就会马上去寻找另一半，这时的自由基非常不安分，很容易与其他物质发生化学反应。当这个自由基从其他分子获得电子后，被夺取电子的分子也成为了自由基。自由基就像一个无家可归的流浪汉，当他没有配偶时，就会在外面惹是生非，甚至变成一个可怕的坏蛋，拆散别人的家庭，同时让那个人也被迫变成了流浪汉。

产生自由基有很多不同的原因，普通的人体生理过程，如消化和呼吸等都会产生自由基，免疫系统作用也会产生自由基，运动锻炼也能产生自由基，这些都是正常的。

但是还有一个更重要的原因就是：由于生活方式和环境的不同，我们体内产生和吸收的自由基数量比我们祖先多得多。

毫无疑问，生活在今天的人们要比一百多年前的人担负着更大的压力，当我们承受压力时就会产生大量的自由基。今天普遍忙乱、紧张的生活方式，导致了我们体内的自由基量高到了我们祖辈不可想象的程度。我们体内所产生的抗氧化剂量，加上饮食中摄取的抗氧化剂量，都已经远远不足以对抗我们面临的自由基。

当今，人们体内自由基数量不断增加的另一个原因是，几代人之前不存在的环境污染问题，现在已经变得异常严峻。苍穹之下，无处不在的雾霾让我们无处可逃，无论你是平民百姓，还是富商名流；无论你是垂暮老年，还是花季少年，没有人可以幸免。除了空气质量，不同的污染物质如化工产品、烟尘甚至是烧烤食品都含有大量的自由基。你即便是不吃不喝，你也逃脱不了。

日光暴晒是自由基形成、日益增加的另一个原因。太阳的光线可以形成大量自由基进而导致皮肤癌。这是我们目前担忧的一个主要问题，因为随着污染加重，臭氧层逐渐减少，我们接收到的暴晒的紫外线更强了。

太阳光能迅速破坏细胞，包括黑素瘤在内的皮肤癌正在成指数上升，而这些都和紫外线暴露增强形成自由基有直接的关系。我们再也不能仅靠自身产生的抗氧化剂来保护自己了。即使是最合理的饮食也不能提供足够的抗氧化剂保护我们免予自由基的伤害，因此补充强效的抗氧化剂对于健康的体质是至关重要的。

当你参加某一项运动时也会产生大量的自由基，尤其是剧烈的运动过程或辛苦的体力劳动都能使身体产生大量的自由基，这是因为身体为了满足能量需求会燃烧更多的能源。所有正在从事某种训练或体力劳作的人，尤其是在室外工作的人，在光照下都会产生自由基，都需要补充抗氧化剂。如今，无处不在，无人幸免的自由基侵害，已经使补充抗氧化剂应该不分职业，甚至不分年龄来进行。我们现代人需要有比前辈多得多的外源性抗氧化剂，来抵抗这种侵害。这种现象无比的悲哀，但对此我们又无可奈何。

造成体内自由基大量生成的因素有几个方面。

（1）细胞新陈代谢大约有2%～3%的氧被酶所催化形成。

（2）日光紫外线和各种辐射。

（3）吸烟、酗酒。

（4）情绪变化、工作压力。

（5）生活不规律，特别是熬夜。

（6）组织器官损伤后的缺血，如心肌梗死、脑血栓、外伤等。

（7）肠道系统异常发酵产生自由基。

（8）暴饮暴食。

（9）滥服西药。

（10）过量运动。

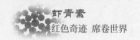
## 五、氧自由基使人衰老

美国医学博士Harman于1956年率先提出自由基与机体衰老和疾病有关；接着在1957年发表了第一篇研究报告，阐述用含0.5%～1%自由基清除剂的饲料喂养小鼠可延长寿命。由于自由基学说能比较清楚地解释机体衰老过程中出现的种种症状，如老年斑、皱纹及免疫力下降等，因此倍受关注，20年后即1976年被西方主流医学所普遍接受。

自由基衰老理论的中心内容认为，衰老来自机体遭受自由基侵害而发生的破坏性结果。

## 六、为什么说氧自由基是百病之源

自由基无处不在，无孔不入，但它对人体的危害不会像车祸、肿瘤、疼痛、高热等让人当时迅速就受到伤害。这是因为自由基存在于我们的体内，它的危害是从细胞和组织的损伤开始，这个过程是缓慢的，就像往一杯清水中放盐，只有盐放到一定量以后我们才能感觉到咸，如果超出一定的量就会苦，直到不可调和。

自由基对细胞和组织的侵害，导致各类疾病的发生，也促使人体过早衰老。自由基对不同细胞的损伤可导致相应组织和器官发生病变，但也可能导致表面看起来毫无关联的疾病。如自由基侵蚀脑细胞，使人易得老年痴呆等类的疾病；自由基氧化了血液中的低密度脂蛋白，造成胆固醇向血管壁的沉积，引起心脏病和中风；自由基引起关节膜及关节滑液的降解，从而导致关节炎；自由基侵蚀眼睛晶状体组织引起白内障；自由基侵蚀胰脏细胞引起糖尿病；自由基还会使体内毛细血管脆性增加，使血管容易破裂，这可导致血管通透性升高激发人体释放各种炎症因子，导致出现各种非菌性炎症；自由基攻击正在复制中的基因，造成基因突变，诱发癌症发生；自由基激活人体免疫系统，使人体表现出过敏反应，如红斑狼疮等自身免疫疾病；自由基作用于人体内的酶系统，导致胶原酶和硬弹性蛋白酶的释放，结果使皮肤失去弹性，出现皱纹或囊肿；自由基摧毁细胞膜，导致细胞膜发生变性，使得细胞不能从外部吸收营养，也排泄不出细胞内的代谢废物，并丧失了对细菌和病毒的抵御能力等等。总之，自由基可破坏胶原蛋白及其他结缔组织，干扰重要的生理过程，引起包括心脏病、动脉硬化、静脉炎、关节炎、白内障、过敏、早老性痴呆、冠心病及癌症等等。

## 七、百病之源自由基到底与哪些疾病有关

### 1. 自由基与癌症

长期以来，人们一直致力于对癌变原因不同角度的探索。自从发现了具有高度不稳定性的自由基能引起的连锁反应后，人们把这种异常的快速生长与自由基联系起来，研究癌变诸过程中自由基的参与问题。目前的看法是，不少致癌物是在体内经过代谢活化，而后形成自由基并攻击DNA致癌，而许多抗癌剂也是通过自由基形成去杀死癌细胞。

一个正常细胞发生癌变必须经历诱发和促进两个阶段，这就是两步致癌学说。诱发阶段与自由基关系密切。自由基作用于脂质产生的过氧化产物既能致癌又能致突变，致癌和致突变在分子水平上的机理是相同的。

促进癌变阶段也与自由基有关，促癌能力与其产生自由基的能力相平行。

在化疗过程中，由于药物的

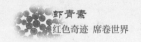

毒性导致细胞内产生大量的自由基，这往往会引起骨髓损伤、白细胞减少、致使化疗减慢、药量减少或被迫停止化疗。若使用自由基清除剂，则可防止骨髓进一步受氧自由基的破坏，加速骨髓和白细胞量的恢复，有利于化疗的继续。可见为了预防癌症和治疗癌症都必须清除自由基。

## 2. 自由基与心脑血管疾病

氧自由基引起脂质过氧化，导致动脉粥样硬化，这是导致心血管疾病的主要原因。动脉粥状硬化也就是我们通称的动脉硬化，当人体内的胆固醇碰上自由基，就是动脉硬化的开始。胆固醇可以分成好的胆固醇和坏的胆固醇，其中坏的胆固醇称为低密度脂蛋白，简称LDL。LDL很容易被自由基氧化，被氧化的LDL经过一连串的变化，就会形成泡沫细胞，这些泡沫细胞就像我们吃的粥一样，会附着在我们的血管壁上，就像水管里的污垢。经过日积月累，这层粥状的污垢越积越多，体积也越来越大；当这些粥状物累积到一个程度，就会像山崩一样，破裂成碎片与血管脱离，跌进血液里，当血液碰到这些碎片，会凝聚、堆积、阻碍血液的流动，形成血栓。血栓会将血管阻塞，如果发生在供应心脏血管的冠状动脉，就是冠心病；如果发生在脑部，就会造成中风。

换句话说，真正形成动脉粥状硬化的是"被自由基氧化的低密度脂蛋白（LDL）"。细胞膜被氧自由基氧化引起血小板凝集，这是脑血栓、心肌梗死形成的第一步。

## 3. 自由基与糖尿病

胰脏中的β细胞会分泌胰岛素，帮助血液中的葡萄糖进入细胞中，转换成组织运作所需要的能量，或将多余的糖分储藏在肝，肌肉或脂肪细胞中。一旦β细胞被自由基氧化，并受自由基攻击积累到一定量时，β细胞即失去分泌胰岛素的能力形成糖尿病。同时，自由基能促进四氧嘧啶诱发胰岛素依赖型糖尿病。

### 4. 自由基与缺血后重灌注损伤

缺血所引起的组织损伤是致死性疾病的主要原因，诸如冠状动脉硬化与中风。但有许多证据说明仅仅缺血还不足以导致组织损伤，而是在缺血一段时间后又突然恢复供血（即重灌注）时才出现损伤。缺血组织重灌注时造成的微血管和实质器官的损伤主要是由活性氧自由基引起的，这已在多种器官中得到的证明。在创伤性休克、外科手术、器官移植、烧伤、冻伤和血栓等血液循环障碍时，都会出现缺血后重灌注损伤。

在缺血组织中具有清除自由基的抗氧化酶类合成能力发生障碍，从而加剧了自由基对缺血后重灌注组织的损伤。

### 5. 自由基与肺气肿

肺气肿的特点是细支气管和肺泡管被破坏、肺泡间隔面积缩小以及血液与肺之间气体交换量减少等，这些病变起因于肺巨噬细胞受到自由基侵袭，释放了蛋白水解酶类（如弹性蛋白酶）而导致对肺组织的损伤破坏。

吸烟很容易引起肺气肿，原因在于香烟烟雾诱导肺部巨噬细胞的集聚与激活，吸烟者肺支气管肺泡洗出液中的嗜中性白细胞内水解蛋白酶活性高于不吸烟者，洗出液中白细胞产生的氧含量也远高于不吸烟者，由此可见，香烟及其他污染物可诱发肺气肿。

### 6. 自由基与炎症

当有病毒或细菌入侵身体时，白细胞会制造大量的自由基来消灭外来的病菌，但是过量的自由基除了吞噬病毒和细菌外，也进攻白细胞本身造成其大量死亡，结果引起溶酶体酶的大量释放而进一步杀伤或杀死组织细胞，造成骨、软骨的破坏而导致炎症和关节炎。伤害附近的组织细胞，使发炎症状恶化。

由此可见，发炎过程与自由基有密切关系。有科学家认为自由基诱发关节炎的原因在于导致了透明质酸的降解，因为透明质酸是高黏度关节润滑液的主要成分。

### 7. 自由基与眼病

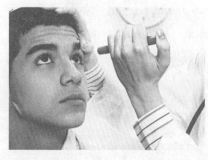

眼睛是人和动物唯一的光感受器，老年性眼睛衰老（特别是白内障）与自由基反应有关。研究表明，老年人由于全身机体的衰老使得眼球晶状体中自由基清除剂的含量与活性降低，导致对自由基侵害的抵御能力下降。白内障的起因和发展与自由基对视网膜的损伤导致晶状体组织的破坏有关。

角膜受自由基侵袭引起内皮细胞破裂，细胞通透性功能出现障碍，引起角膜水肿。自由基会对眼晶状体产生直接的损伤和破坏。

### 8. 自由基与色斑

氧自由基使胶原蛋白和弹性蛋白分解，皮肤松弛，出现皱纹，同时可以氧化皮下不饱和脂肪酸形成类脂褐色素，皮肤出现晒斑、黄褐斑、老年斑等。

### 9. 自由基与帕金森病

自由基破坏脑部细胞，使得神经传导物质多巴胺（Dopamine）缺乏所造成。多巴胺是和运动有关的神经传导物质，缺乏多巴胺会造成手部不自主颤抖，肌肉麻痹、动作迟缓等临床症状。

### 10. 氧自由基的其他危害

并不是所有的自由基都是有害的，其实体内必须具备一定量的自由基作为预防、抵御疾病的武器。例如一氧化氮（NO），它是人体自行产生、具有许多功能且相当重要的物质。但是一旦体内自由基的数量超过人体正常防御的范围，就会产生自由基连锁反应：那些较活泼、带有不成对电子的自由基性质不稳定，具有抢夺其他物质的电子，使自己原本不成对的电子变得成对（较稳定）的特性。而被抢走电子的物质也可能变得不稳定，可能再去抢夺其他物质的电子，于是产生一连串的连锁反应，造成这些被抢夺的物质遭到破坏。也就是说，自由基会促使蛋白质、碳水化合物、脂质等细胞基本构成物质，遭受氧化而成为新的自由基，再去氧化别人；不断的恶性循环下，人体的功能因此逐渐损伤败坏，各种疾病就接踵而至。人体的老化和疾病，也就是从这个时候开始的。

过多的自由基当作坏分子时，它以各种手段对人体进行氧化损害。

（1）伤害细胞的遗传因子DNA。

（2）破坏不饱和脂肪酸，引起脂质过氧化作用。

（3）破坏蛋白质分子、氧化体内酶，干扰其活性。

（4）刺激单核白细胞及巨噬细胞，使它们释放发炎源，引起发炎反应。

（5）攻击人体的牙周组织，分解破骨细胞和骨界面的骨基质。

（6）引起细胞的恶化变形与死亡，造成人体的老化现象。

（7）直接冲击细胞核使基因发生突变而致癌。

（8）对心脏等器官及血管造成伤害。

氧自由基对人体的非细胞结构也造成很大的危害，它使血管壁上的黏合剂遭受破坏，使完整密封的血管变得千疮百孔，发生漏血、渗液，进而导致水肿和紫癜等等。

同样，当供应心脏血液的冠状动脉突然发生痉挛的时候，心肌细胞由于缺氧而发生一系列的代谢改变，心肌细胞内抗氧化剂含量减少，使生成氧自由基的化学反应由于缺氧而相对加快，在冠状动脉痉挛消除的一刹那，心肌细胞突然重新得到血液的灌注，随之而来有大量的氧转化成氧自由基，而同时，由于抗氧化剂的相对不足，不能够清除氧自由基，结果使具有高度杀伤性的氧自由基严重损伤心肌细胞膜，引起心室颤动，从而导致死亡。

## 八、细胞氧化、生锈，生命因此衰老病变

人体内的抗氧化与被氧化处于动态的平衡之中。当两者达到平衡状态时，机体不会受到氧化损伤。

如果由于工作、生活、环境的因素或饮食原因造成抗氧化水平降低，DNA、脂质、组织等就有可能被氧化反应而导致细胞受损。当细胞受损且得不到及时修复时，就会影响人体器官的功能，引发衰老及某些疾病。

一生中，人体内的正常细胞平均分裂140～160次。然后细胞就会死亡，但因为细胞同时有复制的功能，可以再生，人体机器得以继续正常运作；但是当细胞遭受到自由基攻击，就好比铁暴露在空气中久了生锈一样，铁生锈了，就表示开始耗损，渐渐就会被腐蚀，人体衰老的过程就好像是铁被氧化的过程一样。

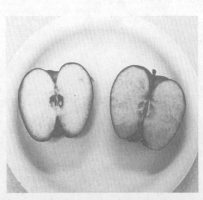

左：受到抗氧化剂维生素C和柠檬汁来源的柑橘类维生素P保护的苹果

右：未经保护，氧化后的苹果

实际上，生命衰老和病变的过程，也就是氧化的速度超过了还原的速度。这样，我们体内的细胞被"生锈"，被氧化的物质

就是自由基。如果受损"生锈"的细胞太多，修复的功能来不及，器官和组织就会失去功能、产生病变、呈现老化现象，直到最后死亡。

当人年纪越来越大，细胞受损的越来越多，身体功能很自然地会大不如前。根据研究，人只要一过30岁，便开始步向老化之路，许多器官功能以每年6.25%的速度衰退，多数人在40岁时的器官功能可达80%，50岁时剩70%，到70岁时就仅剩35%了。

## 九、今天，补充抗氧化剂已刻不容缓

如上所述，来自外在的和来自内在的双重原因，导致自由基的侵害已如影随形。苍穹之下雾霾的污染；土壤的破坏，饮食中的农药残留、各种食品添加剂；身体的自然衰老；工作和生活面临的压力；内心深处的紧张焦虑……这些现实的伤害无处不在，我们似乎已很难一一逃避。

以上这些事实造成的后果是，我们抵抗疾病的能力大大降低，自由基数量呈几何级增长侵犯我们，这些都使得健康的危机越来越迫人。

相对于古人，似乎我们人体自身的能力越来越下降了。我们不得不得出这样的结论：借由摄取外源性的抗氧化物质，来对抗自由基对我们的侵害，也许是目前我们的唯一选择，补充强抗氧化剂已经刻不容缓。

part 3

第三章／虾青素
——世界上最强的抗氧化剂

到目前为止，全世界发现最强大的抗氧化剂——虾青素，它是如何被发现的？

## 一、从小虫子到三文鱼，从小龙虾到鸭蛋黄

### 1. 布拉多尔湖的小虫子

相传十九世纪法国探险家在前往加拿大新斯科舍省探险时，来到了布雷顿角岛上的布拉多尔湖，布拉多尔湖属于寒带天然咸水湖，含盐量极高，在如此恶劣的条件下，任何生物都无法生存。但是让探险科学家们惊奇的是在这样一个生物绝迹的湖中居然存活着一种红色的小虫子。到底是什么神奇力量让这种小虫子在如此恶劣的条件下得以存活呢？这引起了探险科学家的兴趣。

随后，科学家们对这种神奇的小虫子进行深入研究，从中找到一种人体不能自行合成的天然抗氧化物质虾青素。正是虾青素保护了这种小虫子，使其得以生存下来。

### 2. 三文鱼如何逆流而上几百米

作为深海鱼类的三文鱼，它需要到淡水的小溪中去产卵。你知道

吗？三文鱼需要逆流而上，与奔流而下的十几米的浪头搏击，面对浪头逆水而上，一直游到海拔落差达数百米高的溪水源头去产卵。这相当于一个成年人面对上百米的浪头，一直逆水游到几千米外的河流源头，这需要怎样的体力和耐力？

在自然界的鱼中，没有哪一种鱼的体力、耐力能与之相比。研究证实：三文鱼每公斤肌肉内含有5毫克的虾青素，这是三文鱼不惧疲劳、敢于逆流而上的根本所在。

### 3. 为何爱斯基摩人的雪橇犬具有战马样的体力

体貌不大的爱斯基摩人雪橇犬却具有像战马一样的强大体力，能拉爱斯基摩人雪橇连续跑数百公里不觉劳累，原因就是雪橇犬主要的饮食就是三文鱼，这是唯一吃鱼不吃骨头的犬种。

### 4. 小龙虾何以在污水中存活

为什么深红色的小龙虾可以在污浊的淤泥中生存，而且活得健健康康，并能大量繁殖？而淡红色的对虾即便在清澈的水体中也不易存活？虾的颜色越红，说明机体的虾青素含量越高，其抵御外界恶劣环境的能力也越强。小龙虾不但是人们的餐桌美味，而且还是我们补充虾青素的食物来源呢。事实上，人们千百年来食用的野生鸭蛋黄，其中的红色物质也是虾青素。

## 二、日本人长寿与虾青素有关

大多数日本人的膳食中经常有虾、蟹、各种贝类、三文鱼等，他们自觉不自觉地补充了天然虾青素，在数十年的持续抗氧化的作用下，日本人健康长寿，以至于也使日本成为全世界最长寿的民族之一。尤其近几年，虾青素在日本本土养生保健领域受到了最高的宠爱。

事实上，国际上有很多关于虾青素的科学研究和试验都是由日本科学家完成的。

（1）在2003年，由来自日本北海道大学医学研究生院的研究员领导进行了一个关于虾青素抗炎症的研究试验。发现虾青素可以减少一氧化氮、前列腺素-2和肿瘤坏死因子-α的产生。同时该试验还研究了虾青素对老鼠眼睛的抗炎功效；研究人员们在老鼠眼睛内促使诱发了眼色素层炎（内眼层包括眼虹膜的炎症），结果发现不同剂量的虾青素对眼睛具有不同强度的抗炎功效，直接通过阻碍一氧化氮合酶的活性来抑制一氧化氮、前列腺素-2和肿瘤坏死因子-α的产生。基本上，此试验证明了虾青素能够减轻多种眼部疾病的根源——眼部炎症，并且明确地说明了效用的机制原理。

在2009年，日本的京都大学还做了一个非常有趣的试验－研究虾青素与啮齿类动物的肥大细胞的关系。正如我们前面所提到的那样：肥大细胞是炎症的关键引发者。京都大学的研究结果表明：小白鼠体内的虾青素对肥大细胞有抑制作用。

（2）在2010年的时候，日本大学的研究学者们又公布了如下结果：他们把虾青素的抗炎特性称之为"显著性"，在6组不同标记的试验组中都能具有显著的抑制性作用。

（3）2004年由中村（Nakamura）博士领导的小组对眼疲劳领域的虾青素应用进行了两个不同剂量的试验。他们发现每天补充4毫克虾青素就有很好的效果，但是每天补充12毫克会得到更佳的效果。

还有一组日本的研究人员进行的人体临床研究也发现了相似的结果。双盲试验主要研究了虾青素对眼疲劳和视觉调节的功效作用。试验共有40位受试者，分为两组，虾青素服用剂量为每天6毫克，连续服用4周。试验结果发现虾青素的试验组的3个单独的视觉参量数值都出现了显著的改善。此次研究试验为眼疲劳者制定了每天的最佳用量为6毫克。

（4）近期，在日本名古屋大学进行了一项由氧化而引起的神经细胞损伤方面的研究。试验结果表明：经虾青素预处理能对人体大脑

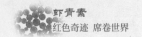

细胞产生显著的保护性作用，并且经虾青素预处理后能抑制氧化反应类型。据作者推断"虾青素所产生的神经性保护作用，主要是由于其抗氧化潜能及其对线粒体的保护作用；因此，他们强力建议虾青素对氧化应激引起的神经退化疾病有疗效，并晋升为大脑天然食物的候选人"。

### 三、虾青素与虾无关

我们都知道，虾、蟹在加工前，是青色的，而煮熟后，外壳就变成了红色。这些红色的物质就是虾青素。然而，在虾蟹、三文鱼等海洋生物中，它们体内的虾青素含量非常低，而且大多数都被它们自身利用了，人类很难吸收。

后来，科学家们终于发现了虾青素的最佳天然来源，就是雨生红球藻。这是一种古老的微藻。这种红球藻中的虾青素含量高达1.5%～3%，被认为是目前含量最高的天然虾青素来源。

### 四、雨生红球藻——休眠40年后依然活力十足

被誉为"健康软黄金"的雨生红球藻，在自然界主要生长在雨后积水形成的临时性水泡中，因此叫雨生红球藻。它是自然界中最古老的微藻之一。

在一些水塘中，这种微藻也可存活。它对环境的适应能力极强，在适宜的生长条件下，它能快速地生长繁殖；当条件恶劣时，雨生红球藻的细胞壁加厚，同时进入休眠状态。这种藻可以连续40年不吃不喝，历经炎热的夏天和寒冷的冬天后，细胞仍有活性，一旦条件成熟，它又能恢复活力，还能繁殖产生新的细胞。

科学家们由此对雨生红球藻进行了深入的研究，发现它的体内虾青素含量极高。它的比例甚至达到了1.5%～3%，这真是大自然的馈赠，红色奇迹来自天然的雨生红球藻，这使得人类大规模大范围应用虾青素成为可能。

## 五、虾青素到底有多强大

氧化是人体衰老和疾病的最大威胁。在科学家、生物学家和医药学家的共同努力下，抗氧化素的"家庭成员"也在不断发展扩大中，让我们翻开抗氧化素家族的历史，列举它们曾经的辉煌吧。

### （一）抗氧化素家族第一代：维生素A、C、E——抗氧化三剑客

#### 1. 维生素A

维生素A，抗干眼病维生素，亦称美容维生素，脂溶性。

由Elmer McCollum和M.Davis在1912年到1914年之间发现。并不是单一的化合物，而是一系列视黄醇的衍生物（视黄醇亦被译作维生素A醇、松香油），别称抗干眼病维生素。多存在于鱼肝油、动物肝脏、绿色蔬菜，缺少维生素A易患夜盲症。

维生素A是复杂机体必需的一种营养素，它以不同方式几乎影响机体的一切组织细胞。尽管是一种最早发现的维生素，但有关它的生理功能至今尚未完全揭开。

维生素A最主要是生理功能包括：

（1）维持视觉

维生素A可调试眼睛适应外界光线的强弱的能力，以降低夜盲症和视力减退的发生，维持正常的视觉反应，有助于多种眼疾。维生素A对视力的作用是被最早发现的、也是被了解最多的功能。

（2）促进生长发育

与视黄醇对基因的调控有关。具有相当于类固醇激素的作用，可促进糖蛋白的合成。促进生长、发育，强壮骨骼，维护头发、牙齿和牙床的健康。

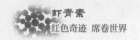

（3）维持上皮结构的完整与健全

维生素A可以调节上皮组织细胞的生长，维持上皮组织的正常形态与功能。保持皮肤湿润，防止皮肤黏膜干燥角质化，不易受细菌伤害，有助于对粉刺、脓包、疖疮，皮肤表面溃疡等症的治疗；有助于祛除老年斑；能保持组织或器官表层的健康。缺乏维生素A，会使上皮细胞的功能减退，导致皮肤弹性下降，干燥粗糙，失去光泽。

（4）加强免疫能力

维生素A有助于维持免疫系统功能正常，能加强对传染病特别是呼吸道感染及寄生虫感染的身体抵抗力；有助于对肺气肿、甲状腺功能亢进症的治疗。

（5）清除自由基

维生素A有一定的抗氧化作用，可以中和有害的自由基。

另外，许多研究显示皮肤癌、肺癌、喉癌、膀胱癌和食道癌都跟维生素A的摄取量有关；不过这些研究仍待临床更进一步的证实其可靠性。

功效：增强免疫系统，帮助细胞再生，保护细胞免受能够引起多种疾病的自由基的侵害。它能使呼吸道、口腔、胃和肠道等器官的黏膜不受损害，维生素A还可明目。

## 2. 维生素C

维生素C是一种水溶性维生素，在柠檬汁、绿色植物及番茄中含量很高。

1907年挪威化学家霍尔斯特在柠檬汁中发现，1934年才获得纯品，现已可人工合成。维生素C是最不稳定的一种维生素，由于它容易被氧化，在食物贮藏或烹调过程中，甚至切碎新鲜蔬菜时维生素C都能被破坏。因此，只有新鲜的蔬菜、水果或生拌菜才是维生素C的丰富来源。它是无色晶体，熔点190~192℃，易溶于水，水溶液呈酸性，化学性质较活泼，遇热、碱和重金属离子容易分解，所以炒菜不可用铜锅和加热过久。

维生素C的主要功能是帮助人体完成氧化还原反应。植物及绝大多数动物均可在自身体内合成维生素C。可是人自身不能合成维生素C，故必须从食物中摄取。据诺贝尔奖获得者鲍林研究，服大剂量维生素C对预防感冒和抗癌有一定作用。

**副作用**

迄今，维生素C被认为没有害处，因为肾脏能够把多余的维生素C排泄掉，美国新发表的研究报告指出，体内有大量维生素C循环不利伤口愈合。每天摄入的维生素C超过1000毫克会导致腹泻、肾结石、不育症。甚至还会引起基因缺损。

### 3. 维生素E

维生素E，又名生育酚，是一种脂溶性维生素，主要存在于蔬菜、豆类之中，在麦胚油中含量最丰富。

曾经，维生素E代表着卓越的抗氧化作用和对年龄的挑战。维生素E可有效对抗自由基，抑制过氧化脂质生成，祛除黄褐斑；维生素E可抑制酪氨酸酶的活性，从而减少黑色素生成；维生素E还能消除由紫外线、空气污染等外界因素造成的过多的氧自由基，起到延缓光老化、预防晒伤和抑制日晒红斑生成等作用。

具体说来，维生素E已被证实的功效有以下几点。

（1）延缓衰老，有效减少皱纹的产生，保持青春的容貌。

（2）减少细胞耗氧量，使人更有耐久力，有助减轻腿抽筋和手足僵硬的状况。

（3）抗氧化保护机体细胞免受自由基的毒害。

（4）改善脂质代谢，预防冠心病、

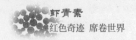

动脉粥样硬化。

（5）预防癌症。

（6）有效抑制肿瘤生长。

（7）预防多种慢性疾病。

（8）预防炎症性皮肤病、脱发症。

（9）预防溶血性贫血、保护红细胞使之不容易破裂。

（10）预防治疗甲状腺疾病。

（11）改善血液循环、保护组织、降低胆固醇、预防高血压。

（12）一种很重要的血管扩张剂和抗凝血剂。

（13）预防与治疗静脉曲张。

（14）防止血液的凝固，减少斑纹组织的产生。

## （二）抗氧化家族的第二代——β-胡萝卜素、辅酶Q10，SOD之类

### 1. β-胡萝卜素

β-胡萝卜素是类胡萝卜素之一，也是橘黄色脂溶性化合物，它是自然界中最普遍存在也是最稳定的天然色素。许多天然食物中例如：绿色蔬菜、甘薯、胡萝卜、菠菜、木瓜、芒果等，皆存有丰富的β-胡萝卜素。

β-胡萝卜素是一种抗氧化剂，具有解毒作用，是维护人体健康不可缺少的营养素，在抗癌、预防心血管疾病、白内障及抗氧化上有显著的功能，并进而防止老化和衰老引起的多种退化性疾病。

β-胡萝卜素最丰富的来源是绿叶蔬菜和黄色、橘色的水果，胡萝卜、菠菜、生菜、马铃薯、番

薯、西兰花、哈密瓜和冬瓜等。大体上，越是颜色强烈的水果或蔬菜，越是富含β–胡萝卜素。

### 2. 辅酶Q10

辅酶Q10发现于1957年，辅酶Q10的抗氧化性使其在动脉粥样硬化的形成和发展过程中具有一定的抑制作用。而且其抗氧化性具有使膜稳定、代谢性强心及逆转左室肥厚等良好作用，在心血管病中应用日益广泛。后来发现补充辅酶Q10可以让全身细胞都能提升活力，对于肌肤来说，若皮肤的能量足够，当然也会呈现年轻的状态。辅酶Q10在脏器（心脏、肝脏、肾脏）、牛肉、豆油、沙丁鱼、鲭鱼和花生等食物中含量相对较高。

### 3. SOD超氧化物歧化酶

SOD中文名称是超氧化物歧化酶，是生物体内重要的抗氧化物质，广泛分布于各种生物体内，如动物，植物，微生物等。它具有特殊的生理活性，是生物体内清除自由基的首要物质。

SOD是生物体内氧自由基的天然清除剂，具有广泛的医用价值，可作为药品、食品及日化产品的添加剂。SOD被批准用于临床使用，它对一些由于年龄、疾病或伤害造成的组织硬化以及纤维化显示出强大的再生修复能力。SOD已被成功地应用于放疗后的辅助治疗、控制心脏病人的进展、治疗严重的风湿性关节炎。它还被广泛应用于化妆品添加剂方面，如利用超氧化物歧化酶制造的SOD面膜、SOD蜜、SOD蛇粉等化妆品，目前已有不下数百种产品。

### （三）第三代抗氧化剂是花青素（OPC）、葡萄籽、蓝莓提取物、绿茶素（茶叶提取）、硫辛酸、番茄红素之类

### 1. 花青素（OPC）

花青素是纯天然的抗衰老的营养补充剂，也是当今人类发现比

较有效的抗氧化剂之一，它的抗氧化性能比维生素E高出五十倍，比维生素C高出二十倍。它对人体的生物有效性是100％，服用后二十分钟就能在血液中检测到。

花青素在欧洲，被称为"口服的皮肤化妆品"，它可维持正常的细胞连结、血管的稳定、增强微细血管循环、提高微血管和静脉的流动，进而达到异常皮肤的迅速愈合。花青素是天然的阳光遮盖物，能够防止紫外线侵害皮肤，增强视力，消除眼睛疲劳；延缓脑神经衰老；对由糖尿病引起的毛细血管病有治疗作用；增强心肺功能；预防老年痴呆。

## 2. 葡萄籽

葡萄籽中含有的抗氧化物质前花青素为人体内不能自行合成的天然物质，其具有很强的抗自由基作用。抗氧化力比维生素C强20倍，比维生素E强50倍。在葡萄籽当中含有许多强效的抗氧化物质，如儿茶酸、咖啡酸、表儿茶酸、肉桂酸、延胡索酸与香草酸等各种天然有机酸，不但共同组成强力抗氧化家族，也能够帮助OPC的吸收，由于OPC具有抗氧化作用，因此对于自由基的相关疾病都有意想不到的保健功效，如能增强免疫系统，且有抗菌、抗病毒、抗突变作用、可减少癌症发生，降低、减少心血管性疾病的风险，减少血小板拟聚、降低动脉粥状硬化的危险因素，抑制发炎，抗组织胺，抗过敏，保护肝脏之功能，预防静脉曲张的功能性问题，促进血管强化与弹性，增进循环系统、保护心脏，此外OPC也能顺利通过血脑障壁，撷取脑部产生的自由基，所以能预防脑部退化性老年痴呆症。

### 3. 蓝莓提取物

蓝莓富含花青素。在蓝莓中发现超过15种不同的花青素。蓝莓提取物是有力的抗氧化剂。可稳定内皮细胞中磷脂，通过增加胶原质及黏多糖维持动脉壁结构的完整性，以此通过合成物来保护静脉和动脉。花青素同样防止血小板在内皮细胞表面的聚集和粘着。研究还显示蓝莓提取物可通过刺激视紫质产生，对亚铁血红素所致的视网膜

蓝莓

病变、糖尿病导致的视网膜病变起到协作治疗的作用。蓝莓提取物可有助于维持毛细血管完整性和稳定胶原质。众多的临床研究显示其在治疗循环系统不适、静脉曲张和其他静脉和动脉不适方面十分有效。

### 4. 绿茶素

绿茶素又叫茶多酚，是儿茶素、花青素、黄酮与黄酮类等集于绿茶中的一群多酚复合物及其衍生物的总称，以绿茶为原料，易溶于水，可以直接被细胞吸收，是人体内调控基因和预防疾病的最有效的物质，在人体内起到修复受损细胞、提高细胞代谢功能、激活休眠细胞的作用。

研究证实：绿茶素具有很强的消除有害自由基的作用；抗衰老作用；降血脂、降血压、降血糖、调节胆固醇的作用；抑制肿瘤细胞生长，抗突变，防治肿瘤的作用；防毒、抗辐射作用；对癌细胞的抑制作用；抗菌、杀菌作用；对艾滋病病毒的抑制作用；此外，茶多酚还具有止泻、利尿、促进维生素C吸收、防治坏血病等作用。

绿茶素是一种新型的天然抗氧化剂，在食品加工、医药、日用化工等领域具有重要的应用。绿茶素的提取和应用研究已成为国内外开发"绿色工程"的热门课题之一。科学研究表明，绿茶素的抗衰老作

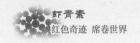

用是维生素E的18.5倍，因此被医学界誉为人类健康的"绿色软黄金"。

## 5. 硫辛酸

硫辛酸是一种存在于线粒体的辅酶，类似维生素，能消除加速老化与致病的自由基。硫辛酸在体内经肠道吸收后进入细胞，兼具脂溶性与水溶性的特性，被称为"万能抗氧化剂"，更是自由基捕手，是机体细胞利用糖类等能源物质产生能量所需的一种限制性必需营养物质，广泛用于治疗和预防心脏病、糖尿病等多种疾病。一般认为它能保存和再生其他抗氧化剂，如维生素C和维生素E等，并能平衡血糖浓度。有效增强体内免疫系统，免受自由基的破坏。

它对多种病症具有治疗功效：肝病、糖尿病、人类后天免疫不全带原者、艾滋病、牛皮癣、湿疹、烧伤、皮肤癌、多发性硬化症、帕金森氏症、神经科方面的疾病、风湿病、风湿性关节炎、红斑性狼疮、硬皮症、自体免疫方面的疾病、白内障、其他眼科疾病、心脏病、中风、动脉硬化、急性及慢性肝炎、肝硬化、肝性昏迷、脂肪肝等疾病。

## 6. 番茄红素

番茄红素是类胡萝卜素中的一种。番茄红素在人体内不能合成，必须由食物来供给。人体在正常发育和功能活动中会产生活性氧，这种活性氧会导致DNA、脂质和蛋白质等生物大分子的氧化性损伤，并可能增加肿瘤、心血管疾病、类风湿性关节炎、眼病等的发病率。自由基学说认为，体内过多的氧自由基诱发脂质过氧化，使细胞膜结构受到损伤，从而引起细胞的破坏老化和功能障碍。而番茄红素可以减轻自由基给人体带来的伤害，防护大分子如脂类、蛋白质、DNA的氧化损伤，从而预防动脉硬化和癌症的发生发展。

## （四）第四代抗氧化剂——虾青素

它最主要是来自雨生红球藻，因为雨生红球藻中虾青素含量为1.5%～3.0%，被看作是天然虾青素的"浓缩品"。雨生红球藻精华是目前为止自然界发现的最强抗氧化剂，抗氧化能力是维生素E的550～1000倍，茶多酚的200倍、花青素的150倍、硫辛酸的75倍、辅酶Q10的800倍。各项研究证实，虾青素无论是脂溶状态，还是水溶状态，都能很好地清除自由基。而且虾青素在自由基发生前，即能起到阻断自由基产生的作用。

所以说发展到第四代，虾青素已经拥有终极抗氧化威力了。

如上所列举的所有数据，都来自于全球最先研究虾青素的科研机构。显然，虾青素都表现得非常出色。在此，我们愿意将你最了解的几种抗氧化剂再次拿出来做一下对比。

虾青素是维生素E的550～1000倍。虽然维生素E一直都被称为美容抗衰老领域口服和外用都有效的抗氧化剂；但与虾青素的抗氧化强度相比较，维生素E就相形见绌了！

虾青素与β-胡萝卜素的对比也非常有趣。目前，β-胡萝卜素是研究最为广泛的一种类胡萝卜素，当然也有许多健康方面的益处、功效。虾青素在化学结构上与β-胡萝卜素非常相似；然而虾青素抗氧化的能力却比β-胡萝卜素要强53倍！

在过去10年间叶黄素成为人人皆知的产品，它也是一种类胡萝卜素。叶黄素作为一种眼睛保健产品已经上市若干年了。作为针对眼部清除自由基的抗氧化剂，虾青素经证明比叶黄素的抗氧化能力强近200倍。

最近的一个抗氧化试验是在克雷顿大学进行的，试验测定了天然虾青素、维生素E、维生素C、碧萝芷、β-胡萝卜素和其他几种抗氧化剂的自由基清除能力。在这个试验中，天然虾青素抗氧化强度超出其他所有抗氧化剂！

你一定注意到了，虾青素对比不同的抗氧化剂的数据并不完全一样。这是由于在不同的试验室，由于不同的测定方法，得出的结果有可能显著不同。例如在第一个检测单态氧淬灭能力的试验中，虾青

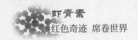
素经证明比维生素E强550倍；而在这个检测清除自由基能力的试验中，虾青素只比维生素E强14.3倍。这就是为什么仅靠一个试验检测抗氧化强度会产生误差，导致检测结果会大不一样。我们至少能确定的一点是：虾青素是所有天然抗氧化剂当中最强的一种。

## 六、虾青素凭什么与青霉素的诞生相媲美

氧化是百病之源。如果我们能有效抗氧化，就能阻止疾病的发生。虾青素抗氧化的效果，就像青霉素抗菌一样强大。

青霉素作为人类历史上发现的第一种抗生素。数十年来，挽救了数以亿计的生命。它高效、低毒、广谱，它的研制成功大大增强了人类抵抗细菌性感染的能力，带动了抗生素家族的诞生。它的出现开创了用抗生素治疗疾病的新纪元。

虾青素自问世后，就以其强大的抗氧化能力令医学界感到惊喜和兴奋。它的出现，将大大改变人类的健康状况。从目前的科研结果来看，虾青素所具有的超强抗氧化和抗炎症这两项功能，已足以与青霉素的影响力相媲美。

一是虾青素对因为过氧化导致的一些慢性疾病，比如说心脑血管疾病、糖尿病、帕金森病、老年性痴呆、关节炎等等效果明显。这个庞大的患病人群数以亿计，今天，他们将因虾青素前所未有的清除自由基、抗氧化的能力而受益。

二战宣传画：感谢青霉素，伤兵可以安然回家

二是对于一些非细菌性（包括病毒、支原体等）炎症疾病，虾青素的作用，可以等同于"可的松"作用，只是没有这些可的松类激素导致的副作用。这是对抗生素副作用最强有力的抗争和颠覆。虾青素可能没有处方药那

样见效迅速,它的作用更加温和持久。然而,这也可能是虾青素无任何副作用并能有效抗炎的原因吧。人们终于有可能既抗菌消炎,又不必再忍受那些副作用了。

虾青素如此完美,对人类预防疾病有着非凡的意义。也难怪美国哈佛研究院的Mason预言:虾青素将继他汀类、抗血小板药物后,掀起第三次预防性药物的浪潮。

## 七、红色奇迹掀起第三次预防性药物的浪潮

科学研究表明,虾青素具有明显的清除自由基、抗炎、保护血管、降低胆固醇、美白肌肤、防皱、缓解关节疼痛、提高免疫力等多方面作用。此外,虾青素在防癌、保护视力、保护神经系统、预防老年痴呆等方面,也都有令人满意的效果。虾青素因奇强的抗氧化能力,被誉为"超级维生素E"、"超级抗氧化剂"。

虾青素的推出导致抗氧化剂市场的革命,虾青素在欧美、日本、东南亚等发达国家已经得到广泛应用,哈佛研究人员Preston Mason称,Astaxanthin(虾青素)这种天然类胡萝卜素成分极具潜力成为新型抗氧化、消炎制剂,并且有望在他汀类和抗血小板药之后掀起第三次预防性药物的浪潮。

天然虾青素还有一个明确的特性是唯一能通过血脑屏障的一种类胡萝卜素。独特化学性质使它能够穿过细胞膜,穿过血液大脑屏障,直接与肌肉组织结合。因此虾青素对眼睛和大脑的抗氧化保护优势明显,而胡萝卜素、番茄红素则不具备这些特点。

## 八、虾青素从实验室走到养殖基地

当科学家们发现虾青素这一超强的抗氧化元素后,他们一直致力于寻找更合适的天然来源,直到他们发现了雨生红球藻。但目前,世界上只有5个国家7个公司掌握了大规模养殖雨生红球藻的技术和工艺。

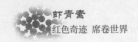

　　养殖雨生红球藻具有很高的难度，因为它生长在中和性环境中。这就是为什么全球只有少数几家公司成功地掌握了养殖这种藻类物种的技术。实际上有不少公司在寻求如何成功养殖雨生红球藻的道路上就都破产了。

　　提取虾青素首屈一指的先进技术当属从雨生红球微藻中提取天然虾青素。起初是在封闭的培养系统中培养雨生红球藻，是在大约40,000升的培养罐中进行。随后是短暂的5~7天的"变红"过程，在敞开的50,0000升的培养池中进行。对虾青素的每一个生产环节，都进行了微观检验和密切检测，以保证培养出纯的、无污染物的生物体。变红程序过后，培养的雨生红球藻经收获、清洗和干燥工序。虾青素生产的最后一道工序是从干燥的雨生红球藻中用超临界二氧化碳提取工艺，进而生产出纯的、绝无任何生物或环境污染的树脂油。正如我们之前提到的，超临界二氧化碳提取工艺对获得稳定的、功效强和纯化的各种天然虾青素产品是至关重要的。

　　目前所有其他产业化生产雨生红球藻的养殖商都是在封闭的培养罐中进行的。很多人还误导消费者，声明在封闭的系统中生产的微藻更好，因为它们没有污染。这只是一种假象，认为封闭的系统生产微藻类产品可以不受有害的生物体的污染。实际上，恰恰相反，封闭的系统往往更容易被有害的藻类、真菌类和原生动物污染。一旦发生，在封闭的系统中，去除生物污染是很困难的，因为在这样的系统中有很广阔的表面面积和很多"旮旯角落"供细菌滋生。事实上，加利福尼亚、夏威夷和欧洲的很多微藻公司都遇到了封闭系统中长期、严重的污染问题，最终导致了这些公司的破产。最近，夏威夷一家生产天然虾青素7年的公司倒闭了，它使用的是小型生物棚养殖，他们曾声称他们的技术是世界上最好的。这是夏威夷第二家倒闭的公司。不仅是夏威夷的养殖户遇到这样的问题。有一个很有名的公司——雅马哈电机，相信很多人都听过，生产天然虾青素已有若干年。这是一家有名的摩托车公司第一次生产营养产品。因为他们强烈认为生产虾青素产品非常好，于是开始投资天然虾青素项目。但是，生产了5年之后，他们在2010年宣布停止其虾青素的业务。雅马哈事件只是最近才发生的事情，很多规模和信誉不够的公司在天然虾青素走向市场化的道路中夭折。

虾青素的封闭式培养系统、户外池塘养殖系统，是综合了多年的实际经验而设计的，可以保证生产出无污染的微藻产品。在消费者拿到终端产品之前，微藻通过超临界无溶剂提取工艺，确保了产品的安全性和纯度。西娅诺泰克的每批天然虾青素产品，除了要经过养殖期和超临界提取工序中的多项检测，还要经过高级试验室全面检测各项质量控制指标。

此外，还要进行大量的稳定性检测以保证在消费者拿到产品时虾青素的含量同标签上标注的含量一致。仅能养殖雨生红球藻还不够，在生产过程中很关键的一步是必须保证在整个生产过程中从养殖、提取到灌装入胶囊或制成片剂和包装，虾青素都被保护好、不发生氧化，否则就功亏一篑、前功尽弃了。

试验阶段培养的雨生红球藻　　　即将收获的雨生红球藻池塘

接近收获阶段的雨生红球藻

part 4

第四章／虾青素 逆转衰老
延长生命的终极营养素

## 一、抗氧化+抗炎症，两抗前所未有的强大

虾青素从被发现至今，人们从未停止过对它的探索研究。尽管科学家们对它究竟有多神奇，还不能尽览全貌，然而它的确是当之无愧的抗氧化之王，"世界上最强的抗氧化剂"。它的抗氧化能力达到了前所未有的强大。

迄今为止，科学家们进行了许多个不同的研究试验，来证实虾青素超强的抗氧化能力。衡量某一物质抗氧化性最靠谱的方法就是要看看它对自由基和单线态氧的清除能力。

维生素C、维生素E、辅酶Q10、碧萝芷、α-硫辛酸、绿茶儿酚这些常用抗氧化剂在所有保健品商店、药店及各大超市里面，我们都能轻易买到，而这些抗氧化剂的产品其抗氧化能力究竟与天然虾青素有怎样的差距呢？美国克雷顿大学的专家做了一个对比实验，看看这些抗氧化剂与虾青素比较，谁对单线态氧的淬灭率更高。看下面的图，从结果来看，天然虾青素的抗氧化能力是碧萝芷的18倍，维生素C的6000倍！

从上图中可以看出，虾青素对单线态氧的淬灭率是最高的，对含氧自由基的清除能力也是最高的。单线态氧是自由基中破坏力最强的。来自现代社会生活中各个方面的有害物质，对人体细胞产生前所未有的消极影响。人体自身产生的抗氧化物质，加上饮食中摄入的抗氧化物质不足以击败人体

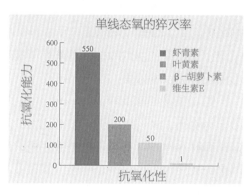

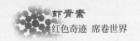
内产生的自由基；因此，通过摄入强有效的虾青素来保持身体健康是一种非常安全的方式。

维生素E一直都被吹捧为化妆品领域口服和外用都有效的抗氧化剂；但与虾青素的抗氧化强度相比较，维生素E就差的太远了！

与其同属类胡萝卜素的β-胡萝卜素相比，虾青素在化学结构上与β-胡萝卜素非常相似，然而虾青素单线态氧的淬灭能力却比β-胡萝卜素要强53倍！

## 二、我们再来看虾青素的"第二抗"——抗炎症能力

虾青素的抗炎性与其强大的抗氧化活性密切相关，有很多抗氧化剂也都具有抗炎功效。由于虾青素是最强效的天然抗氧化剂，所以它的抗炎作用也是前所未有的强大。

首先，虾青素可以抑制多种炎症因子，其中包括导致肿瘤的肿瘤坏死因子、导致前列腺炎症的炎性因子，以及导致关节炎、风湿类风湿、角膜炎、白内障等多种疾病的炎性因子，它对多种炎症疾病的根源都有很好的效果。

虾青素抵抗炎症的另外一大优点，是对所有炎性因子的抑制功效非常平衡。如何理解呢，打个比方，我们常见的西药消炎药，都是非常有针对性的，对抗某种炎性因子，就有针对性的成分，但我们人体内的炎性因子往往不是一种而是很多种，那就意味着要吃很多种西药，尽管消炎药效果明显，但他们的高强度功效也会导致有害的副作用。而雨生红球藻中提取的天然虾青素解决了这个问题。

普通的抗炎药都是通过阻止单独的目标分子来有效减弱它的活性，而天然的抗炎药都是逐渐削弱

一系列的炎症化合物。大家想一想，你削弱五种炎症因子70%的活性，和削弱一种炎症因子100%的活性相比，哪个对身体健康的好处大？当然是前者！而且天然虾青素还更安全，没有任何副作用。

科学家们在对所有的阿司匹林、对乙酰氨基酚、处方抗炎药以及天然虾青素进行了测试分析之后，结果很显然，天然虾青素以其强效抗炎和安全无副作用成为科学家们的共同推荐。

## 三、虾青素：超强抗氧化，逆转衰老和疾病

有谁会希望变老呢？有谁希望自己看起来很老呢？我想没有多少人想要变老。如果你既可以变得渐渐年长却又摆脱了年龄带来的不愉快，看上去依然很年轻，这样是不是感觉更惬意呢？现在，让我们花一点时间来回想一下，我们已经了解的天然虾青素方面的知识，以及它是如何造福人类健康的吧。几乎所有我们学到的关于虾青素知识可以浓缩到以下三个要点。

（1）天然虾青素可以让你的身体感觉更棒。

（2）天然虾青素能使你看上去更年轻。

（3）天然虾青素能使你更长寿。

或者我们可以说成是：虾青素能延长你的"健康寿命"。是的，我们希望活得更久一些，但首先是健康地活着。而不是躺在病床上，或者每天服用一大堆的各种药物。

## 四、让你的身体感觉更棒

尤为重要的是，天然虾青素能让你感觉更棒。首先我们注意到，虾青素的抗炎活性可以帮助各种各样的人减少疼痛，提高灵活性。不只是患有关节炎、各种腰腿疼痛的人，还有其他一些年轻人在工作或娱乐时，他们的肌肉和关节都会承受很大的痛苦。

虾青素能使你更加强壮，告别痛苦。不仅使关节炎患者在8周内

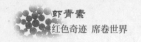

得到改善，而且健康的人在服用虾青素6个月后能多做62%的深度屈膝。虾青素能提高你免疫系统的免疫力、让你对感冒和流感说再见。如果你身体健康，你就会觉得不错；如果你病了，就会觉得很糟糕，这大概就是人们对"感觉很棒"最基本的理解。

有人会问，难道甚至大脑、眼睛健康带来的益处也属于感觉更好的一部分吗？答案是肯定的。因为如果你因黄斑变性、白内障而失明，或者如果你开始有老年痴呆症状，那你肯定不会对此感到幸福吧。

在浩瀚如海的虾青素的研究报告及对其潜在益处的报道中，"感觉更棒"或许是用来总结虾青素益处的最常见的字眼。这不只是试验室和临床试验中得出的试验结果，更是众多用户的真实反馈，只要你稍微花点时间读一读第五章，你就会体会到消费者对天然虾青素那股势不可挡的热情，服用天然虾青素后他们体会到这样或那样的妙处，或者对有的人来说会同时体会到多重改善效果。

此外，如果你回顾一下之前提到的天然虾青素的用户调查反馈，你就会发现它的反馈效果非常好。

（1）有85%的消费者切身感受到虾青素带来的积极的作用。

（2）在这两个调查报告中，超过80%的疼痛患者表示疼痛减轻。

（3）60%的消费者关节疼痛患者关节灵活性增加。

（4）80%的消费者免疫力得到提高，感冒、流感次数减少。

一般来说，我们一次又一次地发现75%～80%的人群使用天然虾青素1～2个月后，个人感觉非常明显，很少有天然补充剂会有这么好的功效。

对一位上了年纪的人来说，改善生活质量可能仅仅是减轻了膝盖的关节疼痛。如果你接触过重症关节炎患者，你就会知道他们所承受的痛苦。事实上，任何一种慢性疼痛都是一种不好的、令人生活不愉快的，使人不能忍受的。

天然虾青素对人们生活质量的改善并不只是减轻疼痛、提高灵活性这些方面，它还能改善人们生活的方方面面。就我个人而言，我从过去1年中感冒几次到现在几年得1次感冒甚至不得感冒。这只是生命质量得到改善的最常见的实例。谁愿意每年因感冒卧床不起1个星期呢？谁愿意每年都要打几次喷嚏、流几次鼻涕呢？多晒几分钟日光浴而不被晒伤何尝不也是提高生活质量呢？运动员如何能得到更好的锻炼，较快的恢复体力以及获得更多的力量和耐力？许多运动员指出虾青素能使得他们在运动上有更好的表现。这无疑提高了他们的生活质量，而且能量和耐力的提升也不只是运动员的事情。建筑工人辛苦劳作一整天，关

改善你的生活质量，使你的面貌和感

节和肌肉没有酸痛感，第二天早晨依然能按时起床进行工作，这肯定也是他的生活质量提高的一种表现。

毫无疑问，服用天然虾青素的首要原因是使人"感觉更好"，"生活质量"更高。

## 五、让你看上去更年轻

从两个方面可以证明虾青素使你看上去更年轻。

从天然虾青素的物理性质方面，进行较抽象性理解-如果你的力量和耐力得到改善，锻炼之后有较快的恢复，你的肌肉张力和体重指标或许会更好。

另一方面，虾青素使你看上去更好还有如下具体的表现。临床试验上有两种途径能够证明虾青素的益肤效果：

### 1. 治愈性
天然虾青素能从内向外改善皮肤。

来自美国等地的标志性研究说明了一切：虾青素能减少细小皱纹，改善皮肤湿度和弹性。这些变化都是有形的，大多数中年人服用

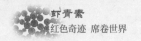

虾青素大约4~6周就会看到虾青素"抵抗岁月，逆转衰老"的效果。

### 2. 预防性

专利表明虾青素能预防太阳紫外线对我们皮肤的长时间破坏损伤，可以作为一种内服防晒霜使用。选择虾青素作为日霜，几年后你看上去会比实际年龄年轻的多，否则就会看上去大几岁。

上面提到的每一种益处都有大量的研究支持。再重申一次，大量的见证资料以及消费者的调查报告都说明虾青素能使我们的皮肤看上去更好。消费者调查显示。

（1）65%的天然虾青素消费者亲身体验了他们皮肤外观的改善。

（2）68%的天然虾青素消费者发现他们不会很快地或经常地被太阳晒伤。

最后，让我们再来强调一下虾青素的益肤效果。

（1）能长时间预防皮肤损伤。

（2）在4~6周明显地改善皮肤肤质：美白、祛皱。

### 六、让你更长寿

我们必须承认一点：没有任何临床证实天然虾青素可使你更加长寿。这样的研究需要涉及大量的试验和成千上万的受试者长期参入

试验。对临床试验来说，因为虾青素是比较新的东西，只是还没有足够的时间去验证。

但是我们有足够的证据证明，人们吃蔬菜和水果越多，摄取的类胡萝卜素就越多，癌症的发病率就越低而且活得就越久。还有很多证据证明无症状炎症能导致许多种威胁生命的疾病，如癌症、心脏病、

糖尿病等等更多的疾病。还有类似的证据证明，氧化反应造成许多相同的疾病。

因此通过推断我们可以认为虾青素可以使我们活得更久一些。

（1）假设炎症和氧化反应会造成疾病。

（2）假设许多这些疾病导致早期死亡。

（3）几经证明虾青素具有超强的抗氧化性能和多途径的抗炎性能。

（4）由此我们推论虾青素应该能帮助人们活得更久一些。

## 七、虾青素的抗老化作用取得突破性进展

整本书读到此处，你已经读了大量不同的科学研究结果。非常感谢你的耐心。除了前面章节中提到的一些动物试验以外，在这里我们要告诉你另外一个研究。我们认为这个研究非常好，因为你将会从中发现非常有趣的东西。

人们是不会考虑把一只蠕虫当成宠物的，但事实上我们一直将秀丽线虫作为研究中广泛应用的一种生物模型。它与哺乳动物很重要的关系在于这种线虫调控寿命的途径与哺乳类动物寿命有关。

这种蠕虫是最简单的生物，它只有一套神经系统，这也是这多年来许多研究人员选择它作为研究衰老机理模型的原因。

本研究的目的是测试虾青素是否能增加秀丽线虫的寿命。这涉及到"自由基老化学说"。对这种蠕虫引入一种超强的抗氧化剂，我们就可以看到该抗氧化剂是否有利于中和活性氧并延长蠕虫的寿命。因为蠕虫是研究哺乳动物老年化的模型，积极的试验结果应该在人类和其他哺乳动物身上显示同样的结果。

在这个试验中，科学家们连续给野生秀丽线虫和突变型的长寿命秀丽线虫饲喂虾青素，从幼虫阶段一直到成年阶段。虾青素处理后使它们的平均寿命分别延长了16%和30%。

这一结果是非常重要的，他们得出的结论是，虾青素能保护蠕虫的细胞线粒体和细胞核，使它们的生命明显的延长。动物喂食虾青

素后，让我们再一次看到一个令我们惊喜的结果。

事实上，虾青素能延长动物寿命16%～30%，这可能是我们人类最渴望的。想想看，人类的寿命也能延长16%～30%。

那么一个本来寿命75岁的人，可以活到87～97.5岁！

## 八、40岁以上的完美补充剂

感觉更棒。看上去更年轻。活得更长寿。其中前两项已经得到临床证实。虽然最后一项没有得到临床证实，但是依然让人感觉是很完美的。除此之外，中年人对各项健康益处还有什么别的要求吗？这就是天然虾青素是"终极抗老化补充剂"的原因所在。这一章更合适的标题为可能是："如果你超过40岁还想身体感觉更好却不服用天然虾青素，那你一定是疯了"但现在你读过这本书，看到所有的事实了。你现在有了世界上保持健康的最好的秘密。你可以自行决定是否需要服用天然虾青素了。

## 九、抗炎作用——来自天然抗生素的惊喜

炎症，就是我们通常所说的"发炎"。对我们的生命起到至关重要的作用，它是我们的身体抵抗感染和修复损伤组织的一种免疫反应；是我们的身体出现了某种病状而触发的一个自行康复、治愈的过程。如有害的细菌或者病毒侵害了我们，我们身体内的炎症系统就会启动并进行反抗；再如我们扭伤了脚踝，我们的炎症系统也会启动并修复损伤的组织。如果没有了炎症系统，我们很快就会死亡。

炎症会以多种不同的形式体现，例如我们扭伤脚踝以后出现的肿胀就是炎症的表现；再者关节炎患者的关节显红色也是炎症的表现；甚至太阳晒斑也是炎症的表现。当太阳的紫外线开始损伤我们的皮肤细胞时，我们体内的炎症系统就会开启继而出现皮肤变红的现象。

然而，通常情况下，炎症是有益的，是人体的自动的防御反

应，零星不断的炎症是一种正常健康的反映，而慢性长期的炎症则会危及生命。慢性炎症会导致身体组织损伤和很多严重的疾病。例如对人体自身组织的攻击、发生在透明组织的炎症等等。

在炎症过程中，一方面损伤因子直接或间接造成组织和细胞的破坏，另一方面通过炎症充血和渗出反应，以稀释、杀伤和包围损伤因子。同时通过实质和间质细胞的再生使受损的组织得以修复和愈合。因此可以说炎症是损伤和抗损伤的统一过程。

我们人体的大多数疾病都属于炎症反应疾病，比如有研究表明，心脏病的根源就是动脉炎症，再比如各种骨关节炎症、急慢性肠胃炎、慢性肝炎、胆囊炎、肾炎、肺炎，甚至鼻炎、角膜炎、中耳炎……

发炎了，我们的第一反应就是消炎，吃消炎药，心急的人马上到医院去输液——输液好得快呀！但是，近几年人们已经逐渐意识到抗生素的危害，经常使用抗生素，会使致病菌的耐药性越来越强。结果就会导致原本服用的药物不起作用，必须得加大剂量或者换药才起效。抗生素是杀菌消炎的，长期服用会破坏人体正常菌群，把好的细菌也杀掉了，造成肠道菌群失调，引起多种肠道功能异常及不良反应，并引起二次感染，降低身体抵抗力。加上抗生素多通过肝肾代谢，滥用抗生素最容易造成肝肾功能的损害，大家可以留意一下，在所有的消炎药的说明书上，都会注明"肝肾功能异常者慎用"这样的字眼。另外，抗生素还会增加药物的过敏反应，近年来，过敏性鼻炎、过敏性哮喘疾病高发，就与滥用抗生素有关。

## 十、虾青素——天然绿色抗生素

很多研究都已经表明虾青素对炎症具有积极效果。自2003年起，日本和韩国的科学家们就已经开始研究虾青素抗炎机理。从韩国大学近期公布的研究结果来看，虾青素具有积极的多项抗炎性作用。

2009年，日本京都大学做了一个非常有趣的试验：研究虾青素与啮齿类动物的肥大细胞的关系。肥大细胞是炎症的关键引发者。京都

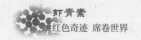
大学的研究结果表明：小白鼠体内的虾青素对肥大细胞有抑制作用。

事实上，许多研究表明，对于治疗关节炎、肌腱炎、运动后关节、肌肉酸痛等疼痛性疾病，天然虾青素具有与处方药及非处方药同样的功效。2002年，我们做了第一个调查研究，结果显示：88%正在遭受关节、肌肉酸痛的人经服用天然虾青素后，疼痛减轻，并有80%以上的人特意提到了天然虾青素对于改善骨关节炎、类风湿关节炎以及背部疼痛有疗效。

6年之后，我们又做了第二个调查研究，得到相同的结果。其中84%关节、肌肉或肌腱疼痛的人表明天然虾青素对他们非常有帮助，83%疼痛明显减轻，60%灵活性提高。当被问及天然虾青素与其他抗炎药相比，效果有何差异时，他们说：

（1）85%的人发现天然虾青素具有高于阿司匹林、对乙酰氨基酚、萘普生、布洛芬等非处方止痛药的治疗效果。

（2）74%的人发现天然虾青素具有高于伟克适、西乐葆等处方止痛药的治疗效果。

至今为止，并没有发现天然虾青素的负面报道，而任何的处方止痛药或者非处方止痛药都会对身体造成十分严重的生命威胁。所以，虾青素被称为"天然绿色抗生素"，它具有和抗生素同样的功效——但没有任何抗生素的副作用，无比安全。

## 十一、完全没有毒副作用的虾青素

自从人类开始吃海里任何红色或粉红色的海产品以来，人类其实就已经从膳食中摄入天然虾青素了。例如，1粒4毫克的天然虾青素胶囊相当于2两（100克）红三文鱼中所含虾青素的份量，三文鱼是目前已知的虾青素含量最高的鱼种。有趣的是，不同三文鱼鱼种所含的虾青素含量也有很大的差异。例如，如果想要摄入4毫克胶囊所含的虾青素你就需要吃一条几乎1公斤重的大西洋三文鱼，因为这种三文鱼所含虾青素的量极少。

令人鼓舞的是，从人类摄入天然虾青素以来，还没有出现过任何中毒的现象或副作用或其他任何禁忌证；并且，自天然虾青素作为膳食补充剂销售15年以来，没有任何登记在案的副作用记录，甚至连过敏反应记录都没有。在很多发表的文献、实地研究、无数次的动物和人类试验研究中，没有任何来自雨生红球藻天然虾青素的毒性记录，充分证明了其安全性。

1999年，雨生红球藻首次作为天然虾青素品牌膳食补充剂的配料被美国食品药品监督管理局审核并通过（案卷编号95S-0316），而且雨生红球藻来源的虾青素已经被包括欧盟和日本在内的很多国家批准应用到人类和动物领域。

2010年，中国卫生部也将雨生红球藻（虾青素）批准为新资源食品，广泛的用于各种医药保健食品、美容领域。

part 5

第五章／防治慢性病
数据来说话

## 一、控制慢性病的终极之选

人体在新陈代谢的过程中会产生大量的自由基，而环境污染、吸烟、接触有害化学物质、紫外线晒伤，都会增加人体自由基的产生，自由基具有很强的氧化作用，会侵蚀体内的各种细胞，就如同铁被氧化生锈一般，不仅仅是肌肤的老化，许多慢性疾病，如癌症、动脉硬化、心脑血管疾病、糖尿病、白内障、风湿骨病、关节炎等，都被证实与自由基有关。清除自由基的过程，就是抗氧化的过程，而虾青素超强的抗氧化能力，决定了它对各种慢性疾病具有很显著的预防、控制和治疗作用。

### 1. 抑制肿瘤、远离癌症

研究表明，虾青素超强的抗氧化性能显著抑制化学物诱导的初期癌变，提高细胞的免疫能力，预防癌变。正常其作用效果要比 β-胡萝卜素更为明显。

### 2. 预防三高、动脉硬化、冠心病和缺血性脑损伤

临床试验证明每人每日口服8毫克虾青素，连续2周，能预防低密度脂蛋白的氧化。还具有显著升高高密度脂蛋白和降低低密度脂蛋白的功效，减少动脉粥样硬化斑块的形成，清除血脂，有效预防三高、动脉硬化、冠心病和缺血性脑损伤。

### 3. 保护眼睛、大脑及中枢神经系统

虾青素是唯一能通过血脑屏障和细胞膜的抗氧化剂。有效地防止视网膜的氧化和感光细胞的损伤，比叶黄素效果更加显著。它对中枢神经系统尤其是对大脑能起到保护作用，从而有效治疗帕金森综合征等中枢神经系统损伤。美国已经把虾青素作为一种脑梗死后防止再次梗死的药物。

### 4. 抑制糖尿病肾病，减少尿蛋白的作用

糖尿病人70%会在5年内发展为肾病损害，虾青素是迄今为止发

现的唯一可以有效阻止糖尿病肾病损害的物质，虾青素主要是通过直接保护肾小球基底膜、阻止因高血糖产生的自由基来破坏基底膜；确保肾脏血流不受影响，减少蛋白尿的产生。

### 5. 缓解关节炎症，让风湿、类风湿关节炎获得康复

关节的疼痛和炎症是由自由基存在所引起的氧化损伤所致。天然虾青素超强的抗氧化特性有助于抑制自由基，可有效中和、淬灭这些自由基，减少其对关节的氧化损害。

### 6. 增强机体能量，缓解运动疲劳

虾青素能显著增强机体能量代谢。当机体运动时肌肉会释放自由基，这些自由基若不被抗氧化剂及时处理，就会产生氧化压力，致使肌肉酸痛或肌肉组织的损伤。研究表明，虾青素的超强抗氧化作用可以抑制自由基对机体的氧化损害作用。增加肌肉力量和肌肉耐受力，迅速缓解运动疲劳，减轻剧烈运动后产生的肌肉疼痛。

### 7. 有效美容，延缓衰老

天然虾青素的抗氧化能力是维生素E的550倍。它可以保护皮肤免受紫外线辐射并能减少皮肤细纹的产生。微量的虾青素就可吸收大量的紫外线，是地球上最完美独特的天然防晒剂，如同自然的防阳伞铺盖全身，可以高效地防紫外线辐射、淬灭紫外线引起的自由基，

减少紫外线对皮肤的伤害。虾青素可有效地阻止真皮层的胶原蛋白被氧化损坏，在减少皮肤细纹的同时，也能提升皮肤的新陈代谢以及锁住皮肤的水分，让您的皮肤犹如婴儿般的幼滑、更有弹性、张力和润泽感以及延缓细胞衰老。

## 二、调查表明：虾青素能提高80%消费者的免疫力

2008年进行了一次天然虾青素消费者的调查。该调查是由过去7年间至少购买过1瓶虾青素的人完成的；需要特别提示一点的是这些人并不是那些经常购买虾青素并获得满意效果的消费者，而是至少尝试虾青素1次以上的用户。总共有423人完成了这项调查，占调查总数的27%。其中有121人不符合调查标准，结果最后参加调查的人数是302人。

不符合标准的主要原因如下。

（1）使用产品不到一个月，这是虾青素在平均消费者身体里完全起作用的最少时间。只这一项就造成了92人不合标准。

（2）服用方法与产品标签的"推荐的使用方法"准则极其相悖：例如，每周使用该产品少于3次，而标签上说要每天使用，这样就导致了20人不合标准。

该调查设置了一系列问答，要求参与者按照个人的感觉填写"是"或"否"。正面结果有：疼痛减轻、身体灵活性以及皮肤有所改善并能减少日晒伤害。关于慢性病方面，在调查中写道：我注意到我的慢性病有所改善，自从使用"红色奇迹"（虾青素）之后，我患感冒和流感的次数较少了。非常令人印象深刻的是80%的受访者表示，摄入天然虾青素后他们的免疫力提高了，对感冒、流感的抵抗力增加了。

| 虾青素曾获得FDA（美国食品药品监督管理局）的17项功能认证。 |
| --- |
| 1．维持关节健康 |
| 2．维持正常的免疫 |
| 3．维持腱部健康 |
| 4．维持腕部健康 |
| 5．维持强烈运动后关节的正常功能 |
| 6．维持日光暴晒下皮肤组织的健康结构 |

续表

| 虾青素曾获得FDA（美国食品药品监督管理局）的17项功能认证。 |
| --- |
| 7．通过健康的细胞抵抗身体的衰老 |
| 8．维持皮肤健康 |
| 9．保护日光暴晒下的皮肤 |
| 10．保护紫外光辐射的皮肤功能 |
| 11．保持健康的身体氧化平衡状态 |
| 12．维持精神活力的提升水平 |
| 13．促进身体运动后的迅速恢复 |
| 14．维持体内正常的C反应蛋白含量水平 |
| 15．维持健康的心血管系统 |
| 16．维持眼睛健康 |
| 17．穿越血脑屏障 |

## 1．来自杰瑞博士的见证

我研究虾青素等抗氧化剂已经近40年了，我一直在虔诚地服用抗氧化剂和营养补充剂。在第一个10年里，我服用各种草药、维生素和矿物质，那时我身体比较健康。通常每年会感冒2~3次，而且每几年得1次严重的流感。我没得什么大病，但我有一些肌肉和关节方面的问题，而且这已经开始影响我进行体育运动。在2001年，我开始服用天然虾青素并且决定试试看。它是最强的抗氧化剂，所以我想给自己额外的抗氧化保护，因为我知道在我们当今的世界，健康是非常重要的。

服用大约1个月的时间，我注意到的第一件事是虾青素对肌肉和关节疼痛方面的益处。我喜欢打篮球，10多年以来每

周大约打2个晚上的篮球。我已经是接近60的人了，在尝试虾青素之前，每次打完篮球后次日早晨醒来，我就觉得周身酸痛和僵硬。起床后我太太总是取笑我，说我走起路来就像怪物。这是由我的膝盖问题加上周身酸痛而造成的原因。

服用天然虾青素大约1个月后，使我大为惊奇的是，我身体不再酸痛了，打篮球后关节也不痛了。现在已经过去10多年了，打完篮球后早晨我仍然能跳起床，就像20岁那样。现在的我已近60岁了……

到现在我一直没有因感冒或流感而倒下或耽误1天的工作。毫无疑问，我在心里认为是虾青素提高了我的免疫力。有些人会想，"你不公正，因为你是研究虾青素的，在一家生产虾青素和螺旋藻的公司里工作"。这是我所不能改变的事实，我无可否认；但是如果你去读一读其他人的亲身经验，看一看用户调查结果，还有这本书中许许多多研究人员在关于虾青素方面的研究，你一定会想每天用虾青素来保持自身的健康。

### 2. 医学博士说天然虾青素"让他的体质回到了20年前"

博士出生在檀香山，并在那里长大。博士的父母都是医生，按博士母亲家族计算，博士是第五代医生了。博士在檀香山从事麻醉学方面的工作已经25年多了，博士大部分的青年时光以及所有自由时间都是在海上度过的。不幸的是，博士对阳光非常敏感，日照超过1天的时间博士就会病得很重。无论博士涂多少防晒霜或戴帽子或穿长袖衬衫都会被晒伤，严重影响了博士的生活质量，博士开始尽量不出门，强烈压抑心中享受阳光的愿望。

红色奇迹虾青素完全改变了博士的生活，博士随时可以尽情享受阳光，晒多久都没有关系。对博士来讲，服用虾青素后对日光耐受力的增强是惊人的。现在我所有的冲浪和潜水朋友几乎都在用这个产品。

开胸手术和心脏移植时用到的麻醉是他的专业。由于经历这种复杂手术，患者的器官系统此时受到极大的挑战，因此使用自由基清除剂的药理剂量对患者的存活是至关重要的。麻醉学方面的文献也都

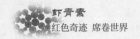

集中于此领域的研究。据此博士非常明白红色奇迹虾青素的药用原理和其在医学领域应用的潜在重要性。

于是相应地，开始服用虾青素几周之后，博士注意到早晨很容易就能起床。通常起床时坚硬、有时还酸痛的身体，至少要15～30分钟才缓解，现在都不翼而飞了。当初博士并没有太注意，但是现在想想，博士意识到体质恢复到了30几岁时的灵活、无痛状态，几乎是20年以前了！

最后，和博士共事的一些老外科医生惊讶于红色奇迹虾青素清除了他们自己各种各样的疼痛，现在都纷纷把它介绍给他们的病人呢！

### 3. 年纪再大也不能是累赘，再也不吃那么多药了

老赵说操劳了大半辈子，终于可以坐着摇椅舒口气儿，没想到这口气还没有舒完，老赵却发现药越吃越多，身体却越来越差，疾病越来越多了。

每天按医生说的，今天几片降压药，明天几片降脂药。坚持了大半辈子，却成了药罐子。每天子女还跟着提心吊胆，现在有了红色奇迹虾青素，还真是我们中老年人的福气呀。

红色奇迹虾青素，老赵认识的好多老朋友都在吃，血压血脂都正常了，免疫力也提高了，还可以抗肿瘤，老年人为家为儿女操劳了一辈子，有了虾青素，也不给儿女添麻烦了，能享享清福了。

### 三、80%的关节炎患者都能改善

一项对247位虾青素使用者进行的问卷调查显示：对于那些患骨关节炎或类风湿性关节炎引发的后背疼痛或症状，在使用了虾青素后有80%的患者都得到明显改善。

很多患有关节炎的病人都会服用葡萄糖胺和软骨素，但是经过验证这些产品只对很少一部分的患者有帮助。为此，科学家进行了一项大规模的试验研究，试验主体分3组。

（1）只服用1500毫克的硫化葡萄糖胺。

（2）只服用1200毫克的软骨素。

（3）同时使用硫化葡萄糖胺和软骨素。

结果表明他们和未服用任何产品的对照组主体没有明显的统计学上的差异。有一点要指出就是研究过程中由中等和严重疼痛患者构成的子群试验主体，试验结果表明大部分主体的疼痛程度减缓了至少20%，但是总体的研究结果还是否定了葡萄糖胺和软骨素的药用功效。既然这样，那么如果一个人患有关节炎、肌腱炎或者仅仅是普通的疼痛该怎么办呢？他们应该试一试天然虾青素。

在此我们要告诉大家：虾青素或许不像抗炎药一样见效快又明显，但它却是一种安全的、纯天然止痛替代品。针对抗炎功效的多种临床研究，证明了天然虾青素对大多数关节炎、风湿骨病患者都是有效的，并且服用天然虾青素还从未出现过任何的副作用或者禁忌症状。

事实上，许多研究表明，对于治疗关节炎、肌腱炎、运动后关节、肌肉酸痛等疼痛性疾病，天然虾青素具有与处方药及非处方药同样的功效。2002年，我们做了第一个调查研究，结果显示：88%正在遭受关节、肌肉酸痛的人经服用天然虾青素后，疼痛减轻，并有80%以上的人特意提到了天然虾青素对于改善骨关节炎、类风湿关节炎以及背部疼痛有疗效。

6年之后，我们又做了第二个调查研究，得到相同的结果。其中84%关节、肌肉或肌腱疼痛的人表明天然虾青素对他们非常有帮助，83%疼痛明显减轻，60%灵活性提高。

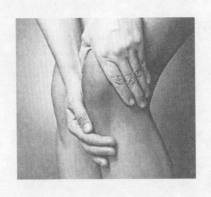

对类风湿性关节炎，虾青素也有非常好的效果。类风湿性关节炎比风湿性骨关节炎更难治疗，是患者自身免疫系统侵袭患者本身的一种机体免疫混乱状态，是一种可以使患者致残的、慢性和破坏性紊乱。不幸的是，很多传统的治疗方法都不太有效，而处方药还可能不安全；而实验表明，天然虾青素对类风湿性关节炎有显著的效果。

这项临床研究试验一共有21个受试者，其中14个服用了虾青素，7个使用安慰剂；试验持续了8周。试验初、试验中（第4周）和试验末分别对受试者的疼痛程度和对日常活动能力的满意程度进行了统计。试验结束时结果显示使用虾青素组的疼痛得分在第4周时下降了近10%，而到试验结束时下降了近35%；对照组的疼痛得分在试验过程中基本上保持不变。虾青素组的受试者满意度得分在试验的第4周和第8周分别提高了15%和40%。

这些试验结果都是非常有意义的，并且研究人员总结得出了"虾青素是类风湿关节炎患者可以选择的一个有效方法"的结论。研究再次验证天然虾青素可以帮助炎症患者生活得更好、更快乐！

## 1. 美国七旬老人：关节好了，视力提高

老人和妻子服用红色奇迹虾青素已经快两年了。老人的关节痛已经消失了，妻子的症状也明显减轻。老人一周6天每天去体育馆锻炼两小时，45～60分钟骑车，其余时间进行力量锻炼。老人的膝关节已经完全不痛了，耐力也增强了。另外，9个月前老人的右眼视力有些问题，诊断为早期黄斑退化。老人不确定是什么原因，服用后老人的视力每个月都在提高，现在视力几乎恢复到同以前一样。老人不知道是不是红色奇迹虾青素的作用，但是老人整体体质的增强肯定是红色奇迹虾青素和锻炼的作用。老人和妻子明年就70了，想继续保

持健康的体质。

### 2. 丹麦椎间盘突出患者，服用红色奇迹的意外收获

两年前患了腰椎间盘突出后，她的生活一落千丈。腰部的剧痛使她不得不休长期病假，最终丢掉了工作。直到她服用了一种超强抗氧化剂补充品后，她的疼痛得到了控制，现在她的生活又恢复了正常。

她决不会停止服用这种叫红色奇迹虾青素的抗氧化剂。产品是从生长在夏威夷的雨生红球藻中提取的，它是已知最强的抗氧化剂。

她的一位好友把它推荐给她。去年3月，她开始服用它。那时由于疼痛难耐，她试了所有能试的。有时疼痛的几乎只能在屋里爬了。有时每天要吃16粒止痛药。

使她吃惊的是服用红色奇迹虾青素5天后，她就感到明显的不同。两年来第一次，她起床时感觉不到疼了。她想可能还会痛，但是再也没有感到疼。令人意外的惊喜是，服用红色奇迹虾青素，还治好了多年来困扰她的月经痛和鼻窦炎。

### 3. 关节痛消失了，运动骑车样样行

龚老师和妻子服用虾青素已经快半年了，龚老师的关节痛已经消失了，妻子的关节炎也明显减轻了，作为退休老教师，龚老师一周六天，每天都要去体育馆锻炼2个小时，以前是不行的，因为龚老师的关节炎挺严重的，上下台阶都会感觉疼痛。但是现在龚老师骑车40~60分钟，龚老师的膝关节已经完全不痛了，耐力也增强了，真心感谢虾青素。

### 4. 10年风湿性关节炎，3个月的虾青素就管用

李先生患有风湿性关节炎已经有10余年。开始至今无法自主行动，出门必须坐轮椅，不能下楼，每日的活动范围仅限于阳台、床、卫生间，只能在下午太阳照进阳台时，在狭窄的阳台上享受一丝可贵阳光，该病也给家庭带来了沉重的负担。家中夫妻2人的退休金大部

分用于该病的治疗上，生活相当拮据。通过服用红色奇迹虾青素3个月后，已经感觉要站立的时候（很少站立，要站立的时候要拄拐杖）左腿也能吃劲了，通过血沉（检验风湿性关节炎的一项主要指标，正常值为20，高于40时基本丧失行动能力）由原来的70（其最高时达到80）降到40。李先生打算继续坚持服用虾青素，期望能有更多的意外收获。

## 四、虾青素对心脑血管疾病的益处：一切靠数据说话

问：世界上死亡的主要原因是什么？

答：心脏病。

问：世界上死亡的第二主要原因是什么？

答：中风。

问：我们可以做些什么来避免这些疾病并保持心血管健康？

答：饮食均衡；经常运动；服用天然虾青素。

我们不是在为心脏病和中风患者开具服用虾青素的处方；只是想指出：有很多的证据表明，虾青素可能帮助我们的血液保持不断流动并通过一些方式维持我们的心脑血管健康。

据世界卫生组织的网站称，大约有24%的人会死于与心脏病和中风相关的疾病。而通过服用虾青素就能防止心脏病和脑中风，从而使世界上成千上万的人受益。天然虾青素具有抗氧化功能、减少无症状炎症的功能，而这两项功能对心血管健康具有显而易见的益处。除此之外，天然虾青素可以通过降低低密度脂蛋白（坏胆固醇）和甘油三酯，并增加高密度脂蛋白（好胆固醇）帮助改善血脂，预防和改善动脉粥样硬化。

虾青素控制血脂能力的第一次临床试验是在日本做的；分别进行了试管试验和人体志愿者试验，试验发现虾青素降低低密度脂蛋白的效果很好（坏胆固醇）。试管试验测试显示：延长低密度脂蛋白的氧化滞后时间取决于虾青素的剂量。在人体上重复进行测试，最低剂量为每日1.8毫克，最高剂量为21.6毫克，持续服用14天。该试验发现所有4个剂量都对低密度脂蛋白氧化滞后时间有积极的影响。测试结果表明：服用虾青素"能抑制低密度脂蛋白氧化，并可能预防由此造成的动脉粥样硬化"。

另一个人体临床试验是在东欧进行的，受试的男子患有高胆固醇。这是虾青素对血脂有益处的第二个人体试验。受试者每天补充4毫克天然虾青素，连续30天。在试验结束时，服用虾青素的受试者

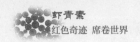
显示总胆固醇以及低密度脂蛋白平均减少了17%，而且甘油三酸酯平均降低了24%。

另一个虾青素对心血管潜在的健康益处，可能是它具有降血压的能力。日本研究人员用患高血压的大鼠分别做过4个试验。第一个试验中，研究人员发现虾青素补充14天，结果表明高血压大鼠的血压降低了，而血压正常的大鼠则没有出现血压降低的现象。试验还显示易患中风的大鼠在喂入虾青素5周后，中风延迟，另外血压值也降低了。试验得出的结论是："这些试验结果表明虾青素在防止高血压、中风以及改善血管性痴呆的记忆力方面能发挥有益的效果"。

第二次试验再一次检验了虾青素对高血压大鼠的作用，其目的还是要发现虾青素的降血压的作用机理。虾青素能帮助改善心脏收缩作用，表明它可能有助于降低心脏病发作。结论是虾青素可能有助于高血压患者的血液流动性，恢复血管张力。

侯赛因博士于2006年带领他的团队在日本自然医学学院又取得两项杰出的研究。他的第一项研究，大鼠饲喂虾青素后，高密度脂蛋白增加了而甘油三酯和非酯化脂肪酸降低了。第二个试验发现喂有虾青素的大鼠在其心血管"系统"有显著性差异。两个主要发现是虾青素：1）减少了主动脉的弹性蛋白带，2）减少了动脉壁的尺寸。这些结果都表明喂有虾青素的大鼠的主动脉有显著性的改善，摄入虾青素后主动脉血流增大而且动脉血压降低。由侯赛因博士带头的一系列动物试验为相关的人体临床试验奠定了坚实的基础，天然虾青素具有对心脑血管健康的潜在益处更加令人信服。

另外一项与人体试验有关的研究还有一个关于抗高血压和血脂的动物研究。该试验的受试对象为人类志愿者，每天补充6毫克虾青素，为期10天。试验结束时，发现试验组在血流方面有显著的改善。虾青素能保持人们心脏的正常泵血！

在过去的5年间，虾青素在心脑血管健康方面的研究比以前多了15%。在与其他类胡萝卜素的比较试验中，研究人员将虾青素与β—

胡萝卜素、番茄红素、玉米黄质和叶黄素相比较，虾青素的效果又是最高的。

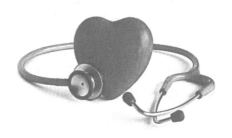

也许10年或15年后，我们将看到成千上万的人使用天然虾青素来代替合成的他汀类药物。他汀类药物虽然现在被广泛应用，但是，所有抗炎药物都有可怕副作用，而来自雨生红球藻的天然的虾青素不仅能提供他汀类药物同等水平的益处，而且没有任何的副作用或禁忌证。

## 来自杰瑞博士的见证：

除了癌症之外，没有什么疾病能像心脏病这样对很多的人和家庭造成毁灭性地打击。它能影响人们生命的黄金期；能在转瞬之间夺取人们的生命；或者慢慢耗尽患者的生命。

我曾目睹了心脏病夺取我父亲的生命并剥夺了他看护自己的孩子成长和见到其孙辈孩子的权利。我父亲在45岁得了严重的心脏病，那时我才只有3岁。11年后他去世了，是在第一次心脏病发作时就去世了。在他得病的几年以来，他甚至不能坚持爬楼梯；那时他只能坐下来，背对楼梯，一步一步地挪上楼梯。

我的体型和体重与我父亲相似。我现在正值52岁，比我父亲得心脏病的年龄大7岁。但是我每周仍然像12岁时那样在篮球场上奔跑。我认为这不仅是因为良好的饮食和经常锻炼身体，而是因为我每天补充9毫克天然虾青素，它促进了我的心血管健康。这是我向全家及朋友推荐使用虾青素的原因。

## 五、预防和康复糖尿病及其并发症

现代医学认为糖尿病是由遗传因素、免疫功能紊乱、微生物感染及毒素、自由基毒素、精神因素等各种致病因子作用于机体导致胰岛功能减退、胰岛素抵抗等而引发的糖、蛋白质、脂肪、水和电解质等一系列代谢紊乱综合征。临床上以高血糖为主要特点，典型病例可出现多尿、多饮、多食、消瘦等表现，即"三多一少"症状。

糖尿病主要被分为两类：Ⅰ型糖尿病和Ⅱ型糖尿病。

Ⅰ型糖尿病多发生于青少年，因胰岛素分泌缺乏，依赖外源性胰岛素补充以维持生命。Ⅰ型糖尿病的病因主要是自身免疫系统缺陷。究其根本，遗传缺陷是Ⅰ型糖尿病的发病基础。

Ⅱ型糖尿病多见于中、老年人。其胰岛素的分泌量并不低，甚至还偏高，临床表现为机体对胰岛素不够敏感，即胰岛素抵抗。

现代医学证明，无征兆炎症能够诱发糖尿病，而天然虾青素则是通过预防无征兆炎症，预防糖尿病和阻止糖尿病并发症。如：糖尿病肾病损害，糖尿病脑病，糖尿病足，糖尿病心脏病，糖尿病眼病等。

虾青素可预防糖尿病患者的肾部疾病。研究发现，虾青素可保护处于高葡萄糖含量中的细胞。血糖含量高，就具有高氧化压力，对人体大小血管和脏器都会产生损害，最常见的为糖尿病肾病。并且，虾青素还能阻止和修复因过氧化而受损的胰岛 $\beta$ 细胞，而胰岛 $\beta$ 细胞控制人体胰岛素的分泌和活性。故此，虾青素对于糖尿病患者来说意义非凡。

日本京都大学的自然医学研究院进行了一项试验，给患有糖尿病和肥胖症的小鼠喂食虾青素，试验证实，虾青素不仅显著地降低了小鼠的血糖，并且维持了它们积累胰岛素的能力。说明虾青素不仅可以降低血糖，并能保护胰岛 $\beta$ 细胞的功能。

第二项试验使用的小鼠还是和试验一相同的肥胖型患糖尿病小鼠，主要对虾青素有益于肾脏的功效进行了研究。研究结果表明：试验进行了十二周后，使用虾青素的试验组要比对照组的小鼠的血糖含量较低。虾青素的使用改善了Ⅱ型糖尿病患者的糖尿病肾病。试验结果说明虾青素的抗氧化活性减弱了肾脏受到的氧化压力进而预防了肾脏细胞的损伤。总之，虾青素可能会成为预防糖尿病肾病的一种新方法。

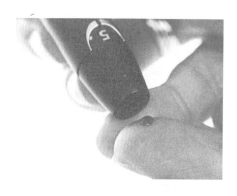

第三个关于糖尿病的试验对象是大鼠。试验结果表明22周之后，虾青素降低了大鼠的血压并且改善了体内胆固醇和甘油三酯的含量，同时血糖含量也有所降低，再者空腹血糖含量及胰岛素抵抗力也出现了显著下降，胰岛素敏感性指数有所改善。有一点非常引人注意的是虾青素确实使脂肪细胞变小了。试验结果说明虾青素通过增加葡萄糖的吸收量和调节循环脂质代谢物和脂联素的含量改善了胰岛素的抵抗力。

研究人员表示，虾青素的生物活性，多是在细胞内进行体现，它的高渗透性使它能直接进入细胞，在细胞内发挥抗氧化能力，抑制氧自由基对细胞的破坏、起到抗炎和减缓细胞的死亡等作用。

## 告别糖尿病并发症，让我判若两人

高先生退休前是国家干部，身患低血糖、低血压、低体温、肥厚性胃炎、十二指肠溃疡等多种疾病。经常住院治疗，病情总是好好坏坏，反反复复。但出院后仍不想吃饭，低血糖每天发作2～3次，经常彻夜难眠，且头昏脑涨，浑身疼痛，半个月就得有2天感冒，一个月要患2次以上的肠胃炎，每月有10天左右泡在医院里输液，有时要连输1个多星期才会好转。

2010年5月开始服用天然虾青素，每天服用4粒，近半个月后胃不痛了，胃口好了，饭量大增。继续服用三个月后，失眠状况消失，每天能睡5个小时以上，精力充沛，再没有感冒；低血糖1个月只发作过一次，而且比以前轻得多；血压正常了；胃痛再也没有犯过；面色红润，精神饱满，跟以前相比真是判若两人。

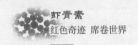

## 六、维护中枢神经系统的健康

关于虾青素针对大脑的研究试验结果非常理想。在日本的传统医药国际研究中心对大鼠进行了一系列的试验。

在第一个试验中，高血压的大鼠通过服用虾青素血压大大降低；研究人员接下来又对有中风倾向的大鼠进行了虾青素效果的试验，他们发现在连续使用了五周的虾青素后，延缓了中风发病率。

相同的试验研究继续进行，对缺血小鼠进行了神经保护作用的研究，所谓的缺血就是指大脑中由于受到动脉血流的阻碍而出现了供血不足的情况。在该试验中的缺血小鼠都阻碍了其颈动脉，相当于人体颈动脉的粥样硬化斑块，斑块的沉积可以导致多种疾病包括脑梗死、中风和各种各样的痴呆病症。

试验中只在缺血状态前一小时对小鼠伺喂一次虾青素，结果该试验组得到了显著的结果，试验结果表明虾青素可以阻止高血压的继续发展并有助于预防大脑中风和缺血。除此之外，相对较高剂量的虾青素还表现出保护神经系统的功效，主要是预防缺血导致的记忆损伤。这种作用效果主要归功于虾青素显著的抗氧化性能，能够抵抗缺血产生的自由基以及大脑和神经病态。目前已有的研究结果说明了虾青素可能对改善血管性痴呆患者的记忆力有很好的效果。

《英国营养学杂志》发表的研究论文断定，补充虾青素对阿尔茨海默痴呆症（老年痴呆）的进展有积极影响。阿尔茨海默疾病的显著标志之一，就是磷脂氢过氧化物在血液中的急剧扩散。大脑中含量超标的磷脂氢过氧化物，可以破坏神经结构，造成与阿尔茨海默痴呆症相关的基因片段损伤。

研究发现，每日补充6～12毫克的虾青素12周，磷脂氢过氧化物的血浓度可降低50%。虾青素可以很容易地穿过血脑屏障，大幅降低磷脂氢过氧化物对神经系统和相应基因的氧化损伤，从而有效的治疗阿尔茨海默痴呆症。

从事这项研究的人员表示："补充虾青素能改善红细胞抗氧化

状态和磷脂过氧化氢的水平，这可以帮助预防老年痴呆症。"每日只要补充虾青素4~12毫克，就能在很大程度上保证心脏和大脑健康。

该研究试验的显示意义非常令人兴奋，因为老年人群阿尔兹海默痴呆症、中风患者以及其他因素导致的痴呆患者的人数越来越多。虾青素可以帮助很多大脑疾病患者改善生活质量。

该项研究也证明了虾青素可以预防缺血造成的大脑损伤。虾青素能够穿越血脑屏障和血视网膜屏障，一旦进入了大脑和眼睛，虾青素极强的抗氧化和抗炎性能就会大大改善这些重要的器官的功能。

### 1. 神经性头痛再也没复发了

孙女士和丈夫健康的改善都归功于红色奇迹虾青素。多年来，他们经常会偏头痛。同过去每个月都要偏头痛2~3天相比，现在一个月都几乎不头痛，实际上，现在已经快两年没复发过了。

两年前的夏天，孙女士和丈夫在去夏威夷考察时，丈夫读到一篇关于红色奇迹虾青素的文章。度假期间他们在一家保健品商店找到了红色奇迹，自从开始服用后，惊喜不断，不仅头不痛了，他们身体其他方面也健康了许多，大大改善了他们的生活质量。

### 2. 属于父亲的奇迹：老年痴呆症好转了

李先生父亲今年83岁了，检查出老年痴呆症已经有5年了。

这5年里，前3年对他们整个家庭来说真是苦不堪言，起初父亲发病，是有一天突然不认识他自己的儿女（他们兄弟姐妹5个），只认识自己的孙子。他们意识到事情的严重性，赶紧到医院做了相关检查，医生给出的结论就是老年痴呆。为此他们想尽一切办法，不计钱财，轮流请假带父亲求医问药，但父亲的病还是一天天的严重，到后来，连筷子都不会用了，家里的人、事都不记得了……

2年前开始，奇迹在父亲身上出现了。在朋友的介绍下，李先

生大姐托人从美国给父亲买来了红色奇迹虾青素，吃到20多天的时候，有天李先生下班回家，父亲竟然叫了李先生一声！李先生还以为自己听错了，赶紧叫了一声："爸!"，没想到父亲接着喊了一声李先生的小名!

到现在两年过去了，虾青素没有停过，父亲现在已经有了明显的好转，大多数时间跟正常人一样，生活可以自理，还能看看电视，自己到小区遛弯。全家人现在都吃上了天然虾青素。

## 七、防治癌症，延长寿命

我们的人体通过氧化反应产生细胞所需的能量，同时也产生大量的自由基。自由基损伤体内组织进而会消极影响免疫系统。它们削弱、破坏细胞和细胞里的脱氧核糖核酸（即DNA）。科学家们相信DNA受到损害是人衰老的一个主要原因。如果DNA受到了损伤，细胞就无法正常发挥作用进而导致一系列潜在的问题和疾病。当然可以修复损坏的DNA，但修复工作有时会存在缺陷——最糟的情况是会产生癌细胞系。我们身体的免疫系统有时候能够检测并清除这些癌细胞系。最好的办法还是防患于未然，起初就防止DNA受损伤。而虾青素就有助于抑制自由基，避免细胞受到损伤。

根据流行病学的研究试验发现：饮食中富含天然β-胡萝卜素的人群患癌症的概率较小，说明β-胡萝卜素有助于预防癌症，而虾青素作为抗氧化剂其活性作用要比β-胡萝卜素强11～50倍，那么虾青素在预防癌症的能力方面也要更强。

事实上，我们知道的很多水果和蔬菜都有助于预防癌症，由于天然虾青素是一种浓缩的植物提取物，所以其效果比水果和蔬菜都显著。

关于虾青素的抗癌研究一直都很有限，并且只是限于体外试验和动物实验研究。在一项体外研究试验中，把小鼠的肿瘤细胞分别放到了一种含虾青素的溶液中和不含虾青素的相同溶液中，一两天之后，发现放进虾青素溶液中的肿瘤细胞不但细胞数量减少而且脱氧核糖核酸（DNA）的合成率也较低。在另外一项小鼠肿瘤细胞的研究试验中发现不同虾青素剂量不同程度地降低了肿瘤细胞的繁殖率，最高达40%。有一个比较有趣的试验，对虾青素和其他8种类胡萝卜素进行了研究，看哪种对抑制肝脏肿瘤细胞的增长最有效。结果发现虾青素在这个试验中超过了其他所有的类胡萝卜素。

经人体体外试验证明虾青素可以抑制人体癌细胞的繁殖，把人体结肠癌细胞分别放到含有虾青素的培养介质和不含虾青素的培养介质中，四天后发现经过虾青素接触的细胞其生存能力明显减弱。对人体前列腺癌细胞也进行了虾青素和番茄红素的研究试验，结果发现两

者都对癌细胞有明显的抑制生长作用。

是什么原理使虾青素能够预防癌症、又能缩小肿瘤呢？主要有三个机制原理。

（1）有效的生物抗氧化作用。

（2）免疫系统功能强化的作用。

（3）基因表达的调节作用。

虾青素的抗癌功效还有下面各方面的原理在起作用。

（1）虾青素对转糖苷酶的调节作用。

（2）虾青素对细菌内诱导突变物质代谢活化性的抑制作用。

（3）虾青素在乳腺肿瘤细胞内的致凋亡作用。

（4）对5ct-还原酶的抑制作用。

（5）对DNA聚合酶的选择性抑制作用。

（6）对一氧化氮合酶的直接抑制作用。

### 1. 前列腺癌病人不钻心的疼了

患前列腺癌的赵先生今年60岁了，年轻时开大车，扛麻袋，什么重活都难不倒他。可是这么刚强的东北汉子，硬是被前列腺癌生生撂倒了。夜里疼得睡不着觉，疼得受不了的时候，他只能背着家人偷偷地抹眼泪，整个人变得骨瘦如柴。直到有一天，北京的小女儿给老赵送来了虾青素。当晚就随餐吃了两粒，没想到当晚就睡了宿安生觉，没那么钻心的疼了。由于家里经济条件有限，也舍不得多吃，每天只能吃4粒虾青素，如今老赵服用虾青素7个月光景，不仅钻心的疼没有了，体重还长了半斤多，其他问题也都朝向好的方向发展，人看起来年轻了很多，老赵的脸上终于重现久违的笑容。

### 2. 红色奇迹虾青素，让肝癌病人再现生命奇迹

53岁的许先生，有乙肝，肝血管病史20年。2009年12月因发热近一个月，去市人民医院检查，血小板严重低下，收治入院，当时做了全面检查。到1月17号再次作B超检查发现肝脏有8厘米直径占位

病灶。隔一周有腹水，肝部病灶有3个，大的有梨大，小的两个如李子大小（3~4厘米直径），已无法手术。许先生不甘回去等待，又去东方医院肝胆科，当时也无法手术，采用介入治疗（化疗）。住院期间，问医生可否服用虾青素，东方医院主任医师建议说不要服用其他东西了，虾青素可以服用，但一定要天然的。于是许先生即开始服用红色奇迹虾青素，并加量服用，顺利完成五次介入治疗。化疗后白细胞正常，于4000间稍有波动，血小板略低，在7万~8万之间，生存质量很好，能活动正常，还去工作和打牌娱乐，但不良吸烟习惯不肯改。确诊时，医生预测许先生只能活一年左右时间，他八月去做检查，又碰到那个主任，他很惊讶，说你活着真是个奇迹。

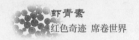

## 八、虾青素是口服美容、防晒产品

有谁会想到仅靠吃一粒胶囊就可以由内而外变得更加美丽？又有谁能想到这种胶囊还可以防止皮肤被太阳的紫外线晒伤或者出现晒斑？不可思议，是吗？但是强有力的证据证明天然虾青素就具有上述两种功效。事实上，这两种效果是相互关联的，皮肤由于长时间、反复经受有害阳光的刺激而损伤，而这些紫外线又可以导致皮肤提前衰老、干涩、出现皱纹、老年斑和雀斑。通过预防紫外线，皮肤可以避免这些损伤；并且有资料显示，天然虾青素不但能预防紫外线的损伤，还能在体内作用、帮助修复这些外观的老化痕迹。

很多著名的医学界人士都大力推崇天然虾青素，全球著名的皮肤科医生兼畅销作家、医学博士-尼古拉斯·派瑞康，他的书曾被列为《纽约时报》的头号最畅销的书；他是天然虾青素的忠实支持者，他明确指出人们应该补充天然虾青素而不是含有合成虾青素的食品例如养殖的三文鱼。迄今为止派瑞康最畅销的书是《派瑞康的承诺：更年轻、更长寿的简易三部曲》；在这本书中，他用3页的篇幅向读者介绍了天然虾青素。在他最新出版的《派瑞康-瘦身膳食》的书中，他同样赞扬了虾青素的功效，并称它是"超级明星补充剂"。他在书中列举了一系列虾青素的功效、益处，其中两项与本章内容相关："口服虾青素可以减少皱纹……还可以减少过度沉积的色素（通常叫老年斑）"。世界上著名的奥普拉主持脱口秀中，派瑞康博士把虾青素称作是能够"让你美丽、健康、容光焕发"的抗炎和抗氧化产品。

派瑞康博士把虾青素超强的抗氧化能力归功于它保护细胞膜的独特作用，同时他还列举了一些虾青素作为口服美容补充剂能够保护、焕新皮肤的参考文献。派瑞康博士不是传统医学界内唯一的虾青素粉丝。还有一位医生，虽然没有派瑞康博士那么著名，但是他一直以来都以自己的亲身经历对天然虾青素赞不绝口。

他就是医学博士——罗伯特·柴欧兹，柴欧兹博士一直都在广播电台、电视节目和期刊杂志上公开推广天然虾青素的多种功效和益处；还有一点值得注意的是他一直在以个人名义进行大众推广，因为他完全信赖天然虾青素。他所做的媒体推广没有任何人给予资金支持。柴欧兹博士个人经历的天然虾青素的故事令人惊叹：他在美国夏威夷州的檀香山出生、长大，他对日晒极其过敏，但在使用虾青素后才得以改善。

在使用天然虾青素之后，柴欧兹博士发现他可以在正午阳光下呆4个小时都不会晒伤，而之前在夏威夷的烈日下仅半小时就会被晒伤。柴欧兹博士表示说："天然虾青素完全改变了我的生活，我随时可以尽情享受阳光，晒多久都没有关系。对我来讲，使用虾青素后对日光耐受力的增强是非常惊人的。"他还发现虾青素可以帮助他减缓早上起来时的麻木无力和酸痛感，对此他表示："相应地，开始服用虾青素几周之后，我注意到早晨很容易就能起床。通常起床时的坚硬、有时还酸痛的身体，至少需要15～30分钟才得到缓解，现在这些状况都不翼而飞了。当初我并没有太注意，但是现在想想，我意识到我的体质恢复到30几岁时的灵活、无痛，几乎是20年以前了！最后，和我共事的一些老外科医生惊讶于天然虾青素去除了他们自己各种各样的疼痛，现在都纷纷把它介绍给自己的病人呢"！

## 天然虾青素上演"好莱坞大片"
### 奥斯卡金像奖得主、超级名模都在用虾青素！

医生是最不会对天然虾青素对皮肤益处信口开河的。最著名的女演员、女模特都已经对天然虾青素议论纷纷。例如在英国第二大发行量报纸《每日邮报》上曾报道过这样一个故事，2011年的奥斯卡金像奖得主-格温妮丝·帕特洛、超级名模-海蒂·克拉姆都使用同一种含夏威夷虾青素名为"御皇庭"的产品作为护肤品。一篇名

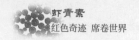

为"延伸生命长度的药片：'神奇补充剂'承诺能打败岁月在脸上留下的痕迹。"这篇文章开篇描述了御皇庭牌夏威夷天然虾青素在英国4小时内销售一空，并且介绍了天然虾青素的一系列益肤功能：

（1）皮肤皱纹变细。

（2）皮肤更加有弹性。

（3）在4～6周内明显减少紫外线照射产生的老化迹象。

（4）使皮肤保持年轻化。

（5）逆转皮肤过早衰老的迹象。

（6）减少皮肤癌的发生率。

除了上面提到的这些益处，这篇文章还指出了天然虾青素的其他益处，例如：减轻关节、肌肉疼痛。提高身体免疫力。在2011年底的时候，格温妮丝·帕特洛和海蒂·克拉姆的故事还仅仅是在英国被公之于众，然而关于"世界上最好的保持健康的秘密"这一消息已经不胫而走，不仅在美国，在其他国家也逐渐受到关注。

为什么医生、科学家、女演员以及名模都在讨论这一能打败老化痕迹的"神奇的营养品"呢？为什么世界上最著名的皮肤科学家在本书中、奥普拉节目中如此地称颂天然虾青素呢？为什么对日晒高度敏感的医学博士说虾青素"改变了他的生活"呢？假如仅是女演员、模特的说辞，或许有人会觉得这仅是好莱坞的一种炒作方式。然而医师在提出意见和建议时只以科学研究数据为基础，正如你猜测的那样，目前已经有研究数据表明：虾青素能够改善皮肤表现、并保护皮肤内部组织免受紫外线伤害。

### 1. 口服防晒霜：阳光下再也不怕晒红晒黑了！

西娅诺泰克曾投资了一项天然虾青素作为口服防晒剂方面的临床研究，并且其突破性的研究成果获得了专利。

在受试者服用虾青素之前，对其皮肤进行测试以确定造成红斑（即指皮肤变红，又叫太阳晒斑）需要的紫外线强度，然后每天服用4毫克虾青素并连续服用2周。2周后，受试者再次接受皮肤变红的测试；然后把补充虾青素前和补充后的得分情况进行比较，得到的结果显示：每天服用标准剂量4毫克的虾青素，仅2周，就使得皮肤变红需要的紫外光线强度明显增强。此试验结果尤其理想，因为虾青素在体内具有积累作用，虾青素最终会在身体各器官内不断积累。对虾青素在人体最大的器官皮肤内的积累来说，2周是相对较短的时间。然而该研究验证了尽管是短短2周的时间，通过口服摄入的天然虾青素就已经发挥防晒的作用了。

虽然该项研究并没有细究虾青素作为口服防晒剂的作用原理，但是答案也不像大家想得那么复杂。事实上，阳光晒斑是皮肤炎症的一个过程，当皮肤受到紫外光线的暴晒出现炎症时，就会通过皮肤变红的形式表现出来。这同其他一些形式的炎症表现出来的变红没有太大的不同，例如：肿胀的脚踝、发炎的伤口和磨损以及患有关节炎的手都会由于炎症呈现红色。因此，当我们身体的最大器官-皮肤变红的时候，我们就知道出现了炎症。目前还不知道虾青素具体是通过哪条渠道来控制炎症进而预防太阳晒斑，但是几乎可以肯定的是虾青素可以作为口服防晒剂要归功于它的抗炎性能。

曾有一项动物研究试验为虾青素的口服防晒作用提供了进一步的证据资料；1995年以特殊的无毛小鼠为试验对象，分别测试了虾青素、β-胡萝卜素以及维生素A对无毛小鼠的抗紫外线保护功能。从小鼠出生起就开始分别饲喂上述三种不同的膳食配方的饲料，其中，对照组小鼠的饮食中不含有这三种物质。4个月后，分别对每个试验组的一半试验主体进行紫外线照射直到皮肤损伤程度达到三级；照射后，发现只含有虾青素或者是同时含有虾青素和维生素A的试验组表现出有效的预防皮肤见光老化的作用。

在老鼠的肾纤维原细胞内添加虾青素后，显示出比添加叶黄素和β-胡萝卜素具有更强的预防紫外线氧化损伤作用。事实上，根据

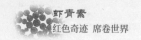

测定的两个不同参量显示，虾青素的作用效果要比β-胡萝卜素和叶黄素分别强百倍和千倍。

刊登在《皮肤病学期刊》上的一项研究，对虾青素进行了体外测试，评价了虾青素在保护人体免受紫外线辐射诱发的DNA变异方面的作用效果。研究中对人体3处不同的皮肤进行了测试，结果都显示虾青素成功地抵抗了紫外线并防止DNA因此受到的损伤。

身体局部使用虾青素也能保护皮肤免受紫外线的辐射损伤。在无毛小鼠身上进行的研究试验证实了虾青素局部使用的功效益处：将无毛小鼠分成三组：1）对照试验组；2）接受UVB辐射后，给它涂抹不含虾青素的原油；3）接受UVB辐射后，给它涂抹含有虾青素的油；UVB辐射一直持续18周，来模拟皮肤老化。结果表明，与对照组相比虾青素能够减轻无毛小鼠的皮肤褶皱，并且使无毛小鼠的皮肤看起来更显年轻就像其他同龄但从未受过UVB辐射的小鼠一样。该项研究得出结论是：虾青素可以有效地预防紫外线诱发的皮肤胶原降解和褶皱的形成。"这些结果说明局部使用虾青素能够有效清除单态氧，可以预防皮肤遭受各种光照损伤例如脂质过氧化反应、晒斑反应、光照中毒和由单线态氧引起的光照过敏"。

## 2. 东亚人的最爱：皮肤增白了！

研究试验还研究了虾青素的另外一个功能，并成为亚洲很多国家产品推广的卖点。很多国家尤其是在东亚地区都有"皮肤增白"类的产品，这些产品都声称能减少黑色素。黑色素能够在皮肤内过量累积进而导致皮肤褶皱、老年斑和皮肤着色过重。该项研究主要评估了虾青素对减少黑色素的功效。结果发现虾青素能减少40%的黑色素，这比目前用于美白配方中的其他3种美白成分都有效。

## 3. 皮肤不干不糙、皱纹减少、弹性水分增加！

从之前的试验中，我们已经看到了虾青素是如何防止光老化和光毒性的，以及如何防止老年斑、雀斑的。现在我们再来看看虾青素作为口服美容补充剂的作用。事实上，我们在上面提到的每一个研究试验都可以作为口服虾青素具有潜在的美容功效的有力证据。如果口服虾青素可以预防紫外线损伤，那么它当然也可以让人的皮肤看起来更加年轻、美丽；同样地，当然也可以预防老年斑和皱纹的出现。但是，从科学的角度来看，这只是一个假设性问题，除非"口服虾青素是否有一个可测量的指标，表示其对改善皮肤美容确实有效"能得到肯定性回答。我们可以通过临床安慰剂对照试验，测定虾青素服用前后特定的美容参数，来验证这一假说。

我们很高兴的告诉大家：这一临床试验已在美国总部得到验证并取得了出色的成绩。2006年，这项具有里程碑意义的研究已经发表在《类胡萝卜素的研究》上。这项试验中以安慰剂为对照，选用了49名健康女性，平均年龄为47岁。根据受试者的皮肤类型、年龄、体质以及测定前的皮肤参数，将受试者均匀的分成2组。

此项研究为期6周，共有21位安慰剂受试者、28位每日摄入虾青素4毫克天然虾青素的受试者。在研究开始时、第3周时和第6周时分别测定每位受试者的皮肤参数。临床研究选用如下的各种指标进行测定：

（1）用Dermal的三相电表9003测定皮肤的含水量。

（2）在Dermallab试验室中测定皮肤弹性。

（3）由Dermal的医生对皮肤弹性和皮肤干燥度进行检查（除了上面的测量方法）。

（4）由Dermal的医生对皮肤细纹和皱纹进行检查。

（5）在研究结束时对受试者进行以下问卷调查：

（a）皮肤细纹和皱纹。

（b）皮肤弹性。

（c）皮肤粗糙度。

（d）皮肤干燥度。

（e）皮肤湿度。

（6）同时，研究还公布了皮肤的拍摄照片及结果。

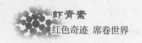

### 各个测试结果

从各项仪器检测结果、医师检查结果、问卷调查、前后照片比较来看，虾青素都具有很好的美肤效果，更容易使女性更加美丽！或许对一部分人来说是难以置信的，但是"口服美容胶囊"确实能达到美容效果，结果总结如下：

（1）自我评估（问卷调查）中，超过50%的受试者在服用虾青素，除了具有美容效果外还受到其他益处。

（2）皮肤医生通过评估发现，虾青素具有改善皮肤细纹和皱纹，弹性及干燥等功效

（3）临床检测结果发现，皮肤水分和弹性提高了

（4）通过照片比较服用虾青素后较之以前具有改善细纹、皱纹和弹性的效果。

E.Yamashita, 2006: "The Effect of a Dietary Supplement Containing Astaxanthin on Skin Condition".

### 4. 只需2周，口服美容效果让你吃惊

已有3项试验都证明了口服天然虾青素对人的容颜有很积极的影响作用。试验的区别在于，将天然虾青素同其他1~2种营养物质复合使用。研究中，学者将天然虾青素和其他物质例如ω-3脂肪酸或维生素E（生育三烯酚）混合使用，但是所有的研究结果表明天然虾青素是各种配方成分中的关键因子。

第一个研究试验是在日本进行的，每天把2毫克的天然虾青素和生育三烯酚（来自于天然维生素E家族）混合使用。所有的试验主体都是平均年龄为40的女性，试验的第2周和试验末即第4周分别对试验主体的几个皮肤参数进行检测。检测结果让人吃惊，仅仅2周的时间就出现了以下几个方面的改善和提高：

（1）皮肤斑点和雀斑减轻。

（2）皮肤皱纹变细。

（3）皮肤更加湿润。

（4）皮肤肤色改善。

（5）皮肤更加有弹性。

（6）皮肤更加光滑。

（7）眼部皮肤肿胀减轻。

每天只服用2毫克并且仅仅在2周的时间里，使用了虾青素的试验主体的皮肤差不多每个方面都出现了改善！在第4周末时，试验初曾被认定为皮肤干燥的试验主体经历了皮肤更加湿润、皮肤自有油份变均匀、细小皱纹减轻，包括丘疹疙瘩也变少了。根据一项自我评价的调查，使用了虾青素的试验主体表示眼部肿胀减轻了、皮肤更加有弹性了，"感觉皮肤更好了"。而安慰剂组的受试者在4周的试验过程中不但没有出现任何改善，事实上反而恶化了。

第二个研究试验是在加拿大进行的，把天然虾青素同其他2种营养品ω–3脂肪酸和海洋黏多糖结合使用。试验包括3个试验组：A组受试者同时服用含有虾青素、ω–3和黏多糖的补充剂并且还外涂黏多糖；B组在使用补充剂的情况下外涂安慰剂产品；C组只外涂粘多糖，但不口服任何产品。受试者为35～55岁不等的女性，每个试验组大概有30人。整个试验过程持续了12周。

遗憾的是，研究试验并没有对每个试验组的受试者进行以下各项皮肤参数的测定，包括：①皮肤细纹。②皮肤肤色。③皮肤灰黄色。④皮肤粗糙程度。⑤皮肤弹性。⑥皮肤水分含量情况。对A组的试验主体进行了上述各参数的测定；结果显示该试验组受试者在所有这些参量方面都出现了改善。除此之外，A组（唯一的组）在12个试验周的开始和结束时都做了关于皮肤健康状况的17点自我评价调查，结果符合预期的估测，A组大约有86%的受试者一致认为这种方法对所有的皮肤参数都有效。

B组和C组只测定了2项参数：皮肤弹性和皮肤的水分含量。结果发现B组试验主体皮肤水分含量更多而C组（只外涂）皮肤弹性更好。研究人员得出的结论是"通过口服具有美容作用，代表了一种更

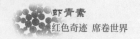
新、更令人兴奋的药用化妆品，可以为皮肤提供具有生物活性的有效成分"。

不同的研究设计将更加能说明问题，但是无论在哪种情况下，研究都进一步表明，口服天然虾青素都具有美容优势，尤其是在前2项研究中更能体现这一点。第3个研究是在瑞士完成的，与日本的研究非常相似，研究虾青素和生育三烯酚。此研究专门侧重于口服补充天然虾青素5毫克，每天与其他2种成分配合使用。试验结果非常理想，口服虾青素的试验主体皮肤细纹得到改善，皮肤整体外观明显改善并且皮肤细致度提高78%。

总而言之，天然虾青素是一种有效的口服防晒剂，可以保护皮肤不会受到紫外线的暴晒、损伤。这在活体外、动物以及人体临床试验中都得到了充分的验证。虾青素除了具有保护皮肤的特性外，还有资料显示它对皮肤有治疗性的作用，可以作为口服的美容补充剂。当然在这个领域还需要更多的研究，同时虾青素还表现出抗衰老补充剂的巨大潜能。但是本书的作者希望看到更多关于于虾青素抗衰老、改善和保护皮肤等方面的研究报告，并坚信它一定会出现的。

### 5. 皮肤再现光泽，女人四十也美丽

女人都怕老，怕皮肤松弛，怕脸上的色斑皱纹，怕骨质疏松，身材不再挺拔，但是只怕是没用的，因为岁月的脚步从不会为任何美丽而停留。

王女士寻找了好长时间，也试用了好多营养品和化妆品，只有红色奇迹虾青素让王女士看到了实实在在的效果，因为服用虾青素两周时间，王女士就感觉到皮肤的光滑度，弹性有所改变了，看起来更紧致有光泽。

周围的朋友同学们也发现了王女士的变化，一下子王女士成了虾青素的推销员了，见人就说好，所以虾青素真的成了这个圈子人人必备的保养品。

## 6. 妇科医生的不老秘密

韩女士是一名妇科医生，38岁进入更年期，当时韩女士找了很多方法都没反应。经朋友推荐一个产品叫虾青素，是一个功能性保健产品，能起到治疗作用，效果很好，韩女士当时根本不相信，就拖了半年没用。半年后的一天，韩女士姑姑来家做客，说实在的，她一进门韩女士就看出不一样，面相年轻多了，她说她在用虾青素，用了半年多了，当时韩女士就迫不及待的让姑姑帮她联系到虾青素的销售人员，买了三个疗程的回来。还别说，三个疗程用完后，除了皮肤好了，韩女士以前的很多毛病都没了，比如失眠、手脚冰凉、盗汗、爱发脾气，都有明显改善，整个人看起来年轻了不少，同事们都说韩女士像没结婚的小姑娘了。

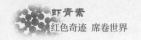

## 九、虾青素对胃炎、胃溃疡和胃损伤的作用

全球人口约一半以上，胃里都有一种极具破坏性的细菌叫幽门螺杆菌。幽门螺杆菌的初期表现形式是慢性胃炎和胃溃疡，如果任之发展的话就会导致更加严重的后果，包括胃癌和淋巴瘤。幽门螺杆菌可能是由于膳食中缺少了一些重要元素例如类胡萝卜素造成的，膳食中抗氧化剂成分如类胡萝卜素和维生素C摄入过低可能是人体含有幽门螺杆菌的一个重要因素。虾青素经证实可以调节对幽门螺杆菌的免疫反应，对胃肠消化道系统有积极的作用。富含虾青素的微藻提取物可以减少细菌量和减轻胃部炎症。试管试验和小鼠体内试验都证明了雨生红球藻来源的天然虾青素可以抑制幽门螺杆菌的增长。同未治疗组和对照组的小鼠相比，进食了雨生红球藻粉的小鼠在试验第一天后和试验结束后第十天，其体内细菌含量和炎症测试得分都降低了。

来自韩国的研究人员金博士和他的同事在韩国大学进行了两项研究试验，研究了虾青素对下列各方面原因引起的胃部损伤的预防作用：①萘普生；②乙醇。在第一项试验中，给大鼠饲喂了消炎镇痛药萘普生。众所周知，萘普生能够引发胃部的溃疡损伤；同时按三种不同剂量给大鼠饲喂虾青素，结果都对萘普生的胃部伤害起到了明显的抑制作用；同时还发现预先补充了虾青素的大鼠体内的自由基清除酶：过氧化物歧化酶、过氧化氢酶和谷胱甘肽过氧化物酶的活性显著增强。"这些试验结果说明虾青素清除了体内由萘普生诱发的脂质过氧化物和自由基成分，可能会为胃溃疡提供有效的治疗方法"。

金博士的第二个研究试验是用乙醇。大家都知道如果摄入乙醇过多，人体就会出现胃溃疡。再一次用大鼠作为试验主体，

结果和虾青素对萘普生的作用是类似的，虾青素对溃疡有明显抵抗作用，并且预先的补充增强了过氧化物歧化酶、过氧化氢酶和谷胱甘肽过氧化物酶清除自由基的活性能力。"组织学检测结果充分说明乙醇诱发的急性胃黏膜损伤在使用了虾青素之后几乎全部消失"。

### 胃病好了，放心吃喝

朱先生这老胃病有20多年了，年轻的时候忙工作，经常喝酒应酬不按时吃饭，暴饮暴食，一吃凉的辣的，胃里就火烧火燎的，也没当回事，毕竟没影响到生活，有一次疼的实在受不了了，到医院去做了个检查，输了好几天液才缓过来，医生告诉他，已经出现胃溃疡了，必须要注意自己的饮食，要按时吃饭，少喝白酒，刚开始还是管不住，有时候工作应酬也身不由己。后来这胃痛是三天两头就犯，没办法了，就开始注意饮食，慢慢什么也不敢吃，犯病的时候就只能喝点白粥，也吃了很多药，中药西药，口服液一大堆，有时候好点，但一直没太大的改善。

去年出差去美国，那边的客户请朱先生吃饭，发现他什么都不敢吃，知道情况后第二天就给他送来三瓶红色奇迹虾青素，也没说什么，就是让我放心用。朱先生认认真真吃了半个多月。有一天同事聚会吃火锅，朱先生实在推不掉，就去了，连止痛药都带上了，结果又是喝酒又是吃辣，第二天却没出现胃疼拉肚子的情况，朱先生这才想起来，一定是美国客人推荐的虾青素对胃病起了作用。朱先生到现在一直在吃，胃病从来没犯过，去医院检查，溃疡好了，炎症也差不多消失了！现在是想吃什么吃什么，再也没有胃痛过。

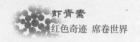

### 十、关于虾青素还有多少可开发资源

关于虾青素的神奇，到底还有多少可开发资源，我们不得而知。相信随着科学的探索，和人类应用的步伐，我们能更深入了解这个当今的抗氧化之王，这个被称为红色奇迹的神奇物质。

part 6

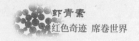
## 一、七旬老人关节疼痛消失/体质增强/视力恢复

美国弗洛里达州的Richard C. Walmer，和妻子都在服用天然虾青素，已经快两年了。在这个过程中，他的关节痛已经消失了，妻子的症状也明显减轻。他一周6天每天去体育馆锻炼两小时，45~60分钟骑车，其余时间进行力量锻炼。膝关节已经完全不痛了，耐力也增强了。另外9个月前他的右眼视力有些问题，诊断为早期黄斑退化。不确定是什么原因，服用后他的视力每个月都在提高，现在视力几乎恢复到同以前一样。Richard C. Walmer告诉我们，他不知道是不是天然虾青素的作用，但是他整体体质的增强肯定是天然虾青素和锻炼的作用。Richard C. Walmer和妻子明年就70岁了，他们能依然保持健康的体质，要归功于天然虾青素。

## 二、帕金森氏症减轻了/关节不再酸痛

夏威夷科纳岛的Jerry Miki 2000年2月被诊断患了帕金森氏症。六年来，他每次在花园干完活肌肉就很酸痛，关节会咯吱作响。有时由于疲劳，他甚至需要休息1~2周。

服用天然虾青素3周后，他发现即使在花园里每天干活4小时，每周举重锻炼3次，也不会感觉酸痛，关节也不咯吱响了，肌肉、四肢也不酸痛了。起初他对天然虾青素是怀疑的，但现在他妻子也在服用。至于他的帕金森氏症，也不像原来那样颤抖得厉害，也许是因为疼痛和疲劳的程度减弱了吧。

### 三、腰椎间盘突出：再也没有痛过

两年前患了腰椎间盘突出后，丹麦的Anne Mette Madsen生活一落千丈。腰部的剧痛使她不得不休长期病假，最终丢掉了工作。直到她服用了天然虾青素后，她的疼痛得到了控制，现在生活又恢复了正常。

Anne Mette Madsen的一位好友把它推荐给她（她用了效果也很好）。去年3月，她开始服用它。那时由于疼痛难耐，她试了所有能试的。有时疼痛得几乎只能在屋里爬了。有时每天要吃16粒止痛药。

使Anne Mette Madsen吃惊的是服用天然虾青素 5天后，她就感到明显的不同。通常，在起效果之前，总会感到有恶化的趋向。刚服用天然虾青素时，起床时感觉不到疼了。每天早晚各服1粒，也曾经试图减少剂量，但是10～12小时之后疼痛又会复发，原因是剂量不够。

服用天然虾青素还治好了多年来困扰Anne Mette Madsen的月经痛和鼻窦炎。

### 四、胃酸胃疼都好了/膝盖和关节疼痛也改善了

多年以来，John O'Grady都有胃酸问题，并进行药物治疗。沮丧地是，他的胃问题更多了。经常有饱感、想吐，吃完后感觉胃很胀。John O'Grady很不舒服，甚至连紧身衣服都不能穿了。

John O'Grady读到有关天然虾青素的文章，就买了点在度假时防晒用。他也了解到它也可以帮助改善胃的毛病，就希望它也能减轻胃不舒服。令人高兴的是，它真的起作用，John O'Grady回来后，一点不舒服感都没了。John O'Grady感到很高

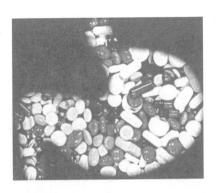

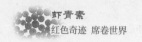

兴，他不用再去看医生服用更多的药物了。

John O'Grady表示，他将继续服用天然虾青素，不仅仅是作为抗氧化剂，而且还改善了他的膝盖和关节疼痛，当然还有胃毛病。

## 五、关节疼痛减轻不再吃药

美国加利福尼亚的Russ Taylor最近完成了往返美国加利福尼亚州到加拿大魁北克9940英里的摩托车旅行。2005年5月，他们从加州东部出发，途经内华达州时气温超过了华氏100度（38℃）。启程之前，他们开始用天然虾青素，之后60天的行程，他们没有用任何防晒霜。他骑着摩托车，但是没有任何晒伤。妻子Jeanette坐在后面，在科罗拉多州时有一天她的脖子被晒黑了，但是只是晒黑，皮肤并没有脱落。

平时为了关节疼痛他也服用葡萄糖胺和软骨素，服用天然虾青素后，就不用那些药了。这样，他们旅途需要携带的药物就减少了三分之一。

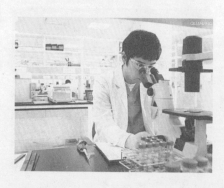

## 六、支气管炎消失了

由于患有支气管炎，为了增强免疫力，马萨诸塞州的Brenda Meechum服用了天然虾青素1个月。困扰他4个月的支气管炎消失了，而且意想不到的是，肩膀和左膝盖的肌腱炎也有了明显好转。服用第二周后，这些地方的慢性疼痛、牙龈炎导致的牙龈出血也消失了。多么奇妙的产品呀！

## 七、膝盖再也不痛了

美国俄勒冈州的Barbara J.Pfeiffer在2005年7月第一次购买了天然虾青素。常年以来，他的右膝盖有问题，主要是由右脚前旋引起的。最终他做了矫正术，但是六个月之后，他的右膝盖仍旧很疼。

每次伸、抬腿就疼，爬楼梯更是苦不堪言。躺在床上时，腿甚至不能向外伸展，总得弯曲着。休息、运动、服用止痛药都没有效果。

收到天然虾青素后，每天服3粒。三周内，他常年来右膝盖的疼痛消失了。现在，Barbara J. Pfeiffer每天继续服用它。他的右膝盖也受过伤，但是天然虾青素很快就治好了，现在，他的腿又恢复灵活了！

## 八、风湿性关节炎30年好了

Ronald W. Holt，是美国威斯康星州的一位公务员，2001年6月他去夏威夷大岛度假1个月，那时开始服用天然虾青素。他患类风湿性关节炎已经30年了，刚30岁出头时，就有问题了。手指关节经常酸痛、肿胀，走路时，脚也很痛。多年来，他服用了很多种药，有些药减轻了疼痛，但是服用天然虾青素后，发现了巨大的变化。服用1周后，他发现经过一天长时间开车后站起来时，身体并不像以前那样硬、酸痛了。之后的几个月，手肿得也不厉害了，而且根本不酸了。可以走更远、享受锻炼了，因为锻炼后

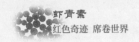

也不觉得酸痛了。

现在，他和妻子每天都服用天然虾青素。每天平均步行6~7英里，有时走8~9英里。天气暖和时，他们也很热衷骑车运动。与同龄人相比，他们更有活力，每年的体检结果都很好。

## 九、偏头痛好了，非常感谢你们

佛罗里达州的Dana and Rob Gourley和丈夫健康的改善都归功于天然虾青素。多年来，由于对麦类食品和巧克力食品过敏（很难避开的食品），经常会偏头痛。同过去每个月都要偏头痛2~3天相比，现在一个月都几乎不头痛，实际上，好运，他们到现在一直还没复发过。

两年前的夏天，Dana and Rob Gourley和丈夫在去夏威夷考艾岛时，丈夫读到一篇关于天然虾青素的文章。度假期间他们在一家保健品商店找到天然虾青素，从开始服用后，再加上其他健康有益的生活习惯，如锻炼，明显提高了他们的生活质量。

非常感谢天然虾青素！！！

## 十、腰疼背痛再也没有复发过

来自纽约的Patri Ginas在健康网站读到有关天然虾青素的内容后，就开始服用它了。它的效果出奇的好。它是最好的抗氧化剂，Patri Ginas每天吃2粒，1年之后，除了非常潮湿时会疼点外，她的腰疼完全好了。实际上她停止了服用氨基葡萄糖以确认是否为虾青素的效果，事实证明确实是！因为她停止服用氨基葡萄糖后，继续服用虾青素，她的疼痛没有复发！当她去多米尼加国时，在30多度的烈日下，她没有被晒伤

（而且一天内她只用了很少的防晒霜），因此这一功效也是真的！原来，她整天打字，手腕疼时，服用一些维生素B$_6$，但是现在也不用它了，因为虾青素的另一功效——治疗腕管综合征也是准确的。

## 十一、56岁的乳腺癌面临康复

加利福尼亚州的Marlene Ball说，天然虾青素给了她巨大的鼓舞，她56岁了，由于乳腺癌，她正在从化疗和放射性治疗中恢复。医生告诉她癌症后期（III阶段）侵略性很强。治疗期间，她服用了多种维生素、β-葡聚糖、IP-6（六磷酸肌醇）和Wobenzym（一种酵素酶）来帮助她增强体质。

化疗后前三次癌症检测得分是28、18和27。然后，她开始服用天然虾青素。3个月后医生打电话告诉她最新的癌症血液检测得分降到了15！她当时还以为是医生弄错了，请医生再仔细检查一下。医生说15分，没错！天啊！事实胜于雄辩。

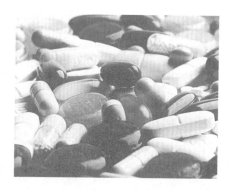

医生和Marlene Ball都很高兴！谢谢天然虾青素！

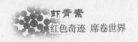

## 十二、自从服用它，膀胱癌还没有复发过

为治疗膀胱癌，犹他州的Robert March已经服用天然虾青素好几年了。自从服用它之后，膀胱癌还没有复发过。他的妻子在世界妇女杂志上读到有关天然虾青素可以预防肿瘤，尤其是膀胱癌有很好的作用，于是他就开始服用它了。

## 十三、癌症前期的症状都消失了

四年以前，夏威夷的一位朋友给Deborah Dixon推荐了天然虾青素，用过几个月后，他的癌症前期皮肤损害完全治好了。他是位红头发的木匠，经常在夏威夷的烈日下工作。皮肤经常很容易就被日光晒伤。自从开始服用天然虾青素后，就再也没有被晒伤过。每月经常会起的疙瘩痘痘也没有了。十几年一直都那么短的头发也长长了，指甲也变硬不易断了。很高兴有这些效果，他说，他会继续用天然虾青素的，并经常推荐给其他人。

## 十四、来自新西兰的见证：曾经最反感保健品，如今亲身向你推荐

当这个产品刚刚进入新西兰市场时，Chris Ward阅读了所有的研究报告，惊叹其宣称的各种健康益处。Chris Ward很反感保健品对其功效的宣扬，总是要寻找临床实验验证其效用。如果他自己需要某种保健品，他总是要挑战，想要推翻，总是要找到证据、自己亲身体验其健康益处。

Chris Ward是新西兰奥克兰一家企业的全国销售经理，生活很忙碌，经常来往于新西兰各城市，而且还是5个月大婴儿的父亲。他和伙伴很热衷于运动和文化活动，因此总是忙着。在服用 天然虾青素之前，Chris Ward每天都吃多种维生素/矿物质和鱼油。开始服用虾青素第1周，Chris Ward就注意到体力增强了。到了第2周，每周5天每天跑

步45分钟的锻炼恢复体力的时间明显缩短了。有生以来第一次，跑步后关节酸痛、肌肉和肌腱疼痛的现象都消失了。

虾青素另外一个显著的功效是它帮助Chris Ward的皮肤不被晒伤。新西兰的烈日再加上有害的臭氧，通常Chris Ward的皮肤很快就被晒伤了。服用天然虾青素6周后，曾有一天在烈日炎炎下，他穿着短裤和汗衫在花园里从早晨10点一直干到晚上6：30。如果是平时，无论涂多少层防晒霜，在烈日下呆那么久，他的皮肤肯定被严重晒伤。他和伙伴绝对都惊呆了，竟一点也没有被灼伤的地方！这完全归功于虾青素。如果你想增强体质、训练后缩短体力恢复时间和防晒，那么Chris Ward以亲身经验向你推荐，它很有效果，而且不要忘了Chris Ward曾是世界上最反感保健品的人！

## 十五、疼痛减轻，病毒感染减轻，有活力了

英国的Graham Davies写信来说，他和妻子对天然虾青素产品是非常的满意。抱着试试的想法他们买了一点，但马上感觉到了它的功效。几年前，在医院当了35年护士的妻子，左膝盖患了关节炎，这又引起了细菌感染，她病得很重。Graham Davies很为她担忧，因为她要吃大把的药来对抗疾病。她很伤心因为她不得不放弃护士事业。最终，她还是得做膝盖复位手术，虽然这帮助了她减轻疼痛、病毒感染减轻，但是长期的病痛，使她很疲劳，几乎没有力气。她发现做任何要求耐力的事情都成了难题，下午她必需要小睡一会儿，晚上10点之前就睡觉了。

但是，服用最大剂量天然虾青素（每天4粒）很短时间内，妻子明显精神了很多。她可以很舒服地干些家务和其他

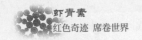
工作，也不用经常休息了，甚至还可以外出旅行一天，这在以前是不敢奢望的。

Graham Davies也亲身体验了天然虾青素的功效，有活力了，总体感觉更好了。但是最重要的是，看到妻子像做膝盖手术以前那样更加有活力了。

Graham Davies说，非常感谢，我们将把天然虾青素推荐给所有的亲戚朋友。

## 十六、皮肤光滑细嫩，皱纹都没了，活力四射

台北的Sophie Su Chen写信给我们，说想分享好消息：最近她恢复了健康，又可以集中精力工作了。这是因为她找到了最好的产品叫天然虾青素。它是最好的保健品。Sophie Su Chen服用它1周后，感觉良好，但是身体没什么变化，但是她并没有停止，仍旧每天服用1粒。3周之后她感觉到起作用了，每天在不增加睡眠和锻

炼的情况下，她的体力都在增强。而且，Sophie Su Chen发现，每天服用1粒天然虾青素，皱纹也减少了。现在，她每天都充满活力，皮肤变得更加光滑细嫩了，皱纹都没了！它太神奇了，她非常喜欢它。想告诉大家，赶紧试试吧！

## 十七、疱疹减少了/膝盖疼痛减轻了

几年前由于膝盖疼痛，Ron Kelley开始服用天然虾青素。那时，他经常起疱疹，几个月都不好。医生说膝盖必须做手术，治疗疱疹的药效果也不太好。Ron Kelley的膝盖疼痛难忍，疱疹折磨得他

快疯了。原来用药，开始时对治
疗疱疹有些作用，但是现在也不
行了，而且疱疹持续的时间越来
越长。

　　每天吃1粒天然虾青素后1
周，疱疹逐步减少了。另外，膝
盖的疼痛也减轻了。而且，刚服
用过它几小时内，Ron Kelley的
视力也提高，这是每天都发生的现象，虽然持续不长，但是很明显。

　　几个月前，Ron Kelley注意到服用天然虾青素几个小时内，他
的过敏症状也减轻了。他开始每天吃3次，如果他停止服用天然虾青
素，就得开始吃处方药。

　　总而言之，服用天然虾青素减轻了Ron Kelley的过敏症状、膝
盖疼痛和疱疹，现在这些都不再干扰他的生活了。不用吃处方药，
也就节省了上百元的医药费而且还避免了副作用的发生。再者Ron
Kelley不用做膝盖手术了，既省时又省钱。


## 十八、免疫力增强/锻炼后体力恢复

　　Dien Truong是夏威夷檀香山的一名马拉松运动员，从2002年
3月就开始服用天然虾青素。头两年在训练之前服1粒。每天训练都

能毫无疼痛的跑完6英里，而
且跑完后体力恢复很快，这
是天然虾青素的作用。周末
12～18英里的训练，小腿肚只
有一点疼痛，跑完上届2005年
的檀香山马拉松后，只有一两
天感觉疼痛；而在服用天然虾
青素之前，要疼4～5天。大概

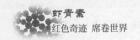

从去年开始，Dien Truong增加了用量：在短距离训练时每天3粒，远距离12～18英里每天服用5粒。

Dien Truong告诉我们，他以前很容易得感冒或流感，服用天然虾青素后，他的免疫力增强了，现在除了刚跑完后的不适，他整年都不生病，而且肤色也很健康。

他说他自己是天然虾青素很好的代言人，他在巴黎、奥兰多和加州的亲戚朋友都离不开天然虾青素了。

## 十九、牙龈疾病/肌腱炎都好了

来自夏威夷的Anton Granger写信给我们，说想告诉我们有关他服用天然虾青素补充剂的经历。他觉得他的经历很有趣，因为他也没有料到它会治愈他的牙龈疾病。

起初，他服用天然虾青素是为了治疗手腕和前臂的肌腱炎，确实见效。而且之前，他的牙龈也经常出血、牙龈退化。他甚至做了牙龈手术以修补很坏的部分牙龈。他的牙医和医生告诉他每天要增加刷牙和用牙线的次数。这些都是好的建议，但是直到现在他还不能提高我刷牙和用牙线的质量。然而，从他开始服用天然虾青素，他的牙龈开始转好。每次去清洁牙齿时，有问题的地方和漏洞少多了。1年之后，他的牙龈疾病完全好了。在正常服用补充剂期间，他并没有改变刷牙和用牙线以及饮食的习惯。他知道牙龈恢复了健康完全是天然虾青素的功劳。他每天服用2粒天然虾青素。

他在信中说，谢谢你们开发出这么好的产品！

## 二十、防晒霜扔了，你皮肤的颜色真漂亮

去年春天，在Truth Publishing网站上密苏里州的切斯特菲尔读到有关天然虾青素的文章后，开始服用它。切斯特菲尔对它很感兴趣，因为他是位65岁自行车运动员，每周阳光照射的时间很长。

在信任的几家健康网站上他读
到过防晒霜的一些成分并不安
全，因此他不喜欢用防晒霜。
他希望能够有一种好的抗氧化
剂能够起到保护皮肤的作用。
之后整个春、夏、秋三季，每
周3天或更多在户外骑车5~6个
小时，他没有用市场上任何防

晒霜，但没有被晒伤过；1年内他骑车行驶了3700英里路。整个夏天
他听到的赞赏是："你皮肤晒的铜褐色真漂亮！"他的皮肤比以往更加
容光焕发！

　　他选择天然虾青素的另外一个原因是骑车后体力恢复的时间缩
短了很多。每周数次骑30英里以上，他觉得不疲乏了，几乎也不酸
痛了。他甚至沿着密歇根湖岸边1周内骑了341英里，也毫无问题。
他说，他绝对不会停止服用它的。

## 二十一、游泳运动员—严重的肌腱炎

　　夏威夷的Nicholle Davis 3~18岁期间是名游泳运动员，然后
有限制地参加些比赛，直到24岁。这些年来艰苦的训练（包括每天
4小时在泳池训练和力量训练）、做救生员、参加游泳比赛、大三救
生员训练和冲浪嬉戏，使他的双肩和膝盖都得了严重的肌腱炎。

　　14岁那年，他的肌腱炎开
始越来越严重，以致他从国家排
名第10名降到了50名。睡觉时
双肩下垫着冰块，错过了很多次
训练。他几乎从蹲坐状态站立不
起来，因为双膝很疼，走路时也
很痛。肌腱炎迫使他放弃大学奖

学金最终退出比赛。2002年5月，29岁的Nicholle Davis开始服用天然虾青素。一开始每天服用1粒，然后2粒；服用了4个月，就治愈了肌腱炎，根本就感觉不到任何疼痛了。现在仍旧每天服用2粒，肩膀和膝盖都不疼。仍旧进行每天日常的行程、饮食和锻炼。

治愈肌腱炎直接归功于天然虾青素。15年来，Nicholle Davis试过很多方法，没有一样管用。Nicholle Davis说，真希望在我14岁时就有这样的产品，但是我很高兴现在有了它。

## 二十二、牙龈不再出血／鼻窦炎也改善了

美国南卡罗莱纳州的Victor Hamilton，左膝盖患有关节炎和肌腱炎，有个肩膀也有肌腱炎。一开始是为了强化免疫系统对抗顽固的肺感染服用天然虾青素的。几周之后，感染减轻了，他惊喜地发现关节和肌腱炎的症状也减弱了。其他症状如牙龈出血和鼻窦感染等也改善了。这个产品真正能改善身体健康和其他具体症状。

## 二十三、向所有的白癜风患者推荐天然虾青素

Stephanie Vail首次听说天然虾青素是在英国"早安"电视节目上。被采访的那位女士的皮肤很敏感，而且一经日晒就很容易被晒伤。服用天然虾青素之后，她惊奇地发现她再也没被灼伤过。Stephanie Vail也很受启发，决定自己也试试，因为他患有白癜风。（这是一种皮肤病，皮肤缺少黑色素。患有这种皮肤病很难在户外活动，因为那些白斑点很敏感、很易被灼伤。）Stephanie Vail发现天然虾青素是一个非常好的产品，从2002年来Stephanie Vail一直服用它，再也没有被晒伤过！而且，从服用它以来，晒后皮肤的铜褐色很漂亮，Stephanie Vail说："我一定会继续服用它的。天然虾青素完全改变了我的生活、假日和享受阳光的日子。我向所有易被晒伤或患有同我一样的白癜风患者推荐天然虾青素"。

## 二十四、预防了冠心病，身体气色都好了

河北保定的于师傅以前总是肩膀酸疼，一直以为是风湿性肩周炎，吃了很多药，也采取过物理治疗都不管用。后来去医院，医生诊断说是冠心病前兆。于师傅知道，得上冠心病是要终身服药的，就听老伙伴的话，

开始吃天然虾青素调理，一段时间后发现胳膊疼没以前那么严重了。再去医院体检时，医生对他说："你有三个方面好转：动脉硬化没那么严重了，肾脏功能开始好转了，血脂也下来了"。老伴去帮女儿看外孙，一个月后回来见到于师傅惊讶地说：你的脸色真不错。现在老伴也在吃，他们老两口身体越来越好，感觉再活20年也不成问题。

## 二十五、血脂血压正常了，不再头晕头痛了

北京海淀的吴老师和老伴都是年近花甲了，血压血脂一个劲的往上走。老伴三天两头的说头晕。每次医生检查的时候都会说他们，要注意血栓和脑梗。吴老师听说天然虾青素是一种新的保健品，对心脑血管的保护很不错，就告诉了儿子，儿子上网查了以后，也感觉很神奇，就给他们买了，也没有指望会有多大的效果，也就每天吃几粒。这次去医院体检，吴老师跟老伴的血压血脂竟然都正常了，而且吴老师惊奇的发现，老两口都好

长时间没有头晕头痛的感觉了。这才感觉到虾青素真的是很神奇，效果很显著。

## 二十六、冠心病不再痛了，又可以写写画画了

山东退休教师于老师，患有严重冠心病心绞痛，发病时疼痛难忍，多次住院治疗就是不能治愈，几乎到了生死边缘，家人随时守护在身边，不敢离开半步，还特地为她购买了手机随时携带，以备拨打120救护车救护。去年老人开始服用天然虾青素，服用两个月后，喘气通畅多了，身上也有轻松感，服用一年后，老人的病得到了控制，三年来再没有复发过。如今老人身体好了，还担任了镇上的老干协副主任和老年大学校长，书画院、业余剧团、秧歌队、慈善会、样样工作都搞的有声有色。

## 二十七、虾青素美容保健　两全其美

35岁的刘春莲女士，因为工作压力大，经常上夜班，而且喜欢玩手机，每天头昏脑涨，浑身无力，两腿发软，失眠多梦，脸色暗黄，失眠多梦，经常感冒。看上去比实际年龄大了十岁。

后来经人介绍说虾青素能够抗氧化、抗衰老。抱着试试看的心态，先买了两盒，没想到刚吃了一个月，人特别有精神，上夜班都不打盹，浑身有使不完的劲，吃到后半年的时候，已经像变了一个人似的，从内向外的滋润，女人味十足。以前头发又毛又干，像枯草一样，而且白发还很多，吃到现在，头发又黑又亮，黑头发都吃出来了，她说，是虾青素拯救了我，使我

恢复到一个自信美丽健康的女人。

## 二十八、有这么好的保健品，谁不想多活两年，晚点老

周师傅年轻时下乡打井，双腿长期在冰冷的井水中浸泡，留下了病根。左腿内侧毛细血管坏死，呈黑褐色，洗脚的时候脚痒得厉害，还浮肿。服用虾青素两个月的时间，每天两粒，大腿内侧的血管就开始从原来的黑褐色变回了正常颜色，不肿了，也不痒了。真没想到虾青素有这么神奇的作用，现在不光是周师傅，他们全家都离不开虾青素了。周师傅说，现在有这么好的高科技产品，谁不想健健康康多活几年，晚点老啊。

## 二十九、老年斑淡化，我又年轻了十岁

刘阿姨今年65了，到了这个年龄，老年斑越来越多，而且有的老年斑色泽越来越深。以前一直服用葡萄籽，虽然斑长的慢了一些，但是没有使老年斑淡化。服用红色奇迹虾青素3个月后，居然惊奇地发现老年斑明显变淡了，有些甚至完全消失了，手上和脸上的老年斑淡化和消失，再加上皮肤皱纹减少了一些，整个人看起来年轻多了。刘阿姨推荐给周围包括一些经常做美容保健的朋友和同事，她们服用后也都收到了意想不到的效果，大家都很感谢刘阿姨。

## 三十、红色奇迹既降血脂又降压，让我一觉睡到大天亮

今年60岁的王静阿姨，有高脂血症、高血压，还睡眠不好。原来一直吃降血脂的药已经2年多了，最近一段时间接触了红色奇迹虾青素。由于一直吃保健品，所以对各类产品特别敏感。

王阿姨当时就觉得这是一个好产品，比她所吃的纳豆要好。果不其然，只吃了几天血脂和血压就降了。最后尝试着停了降血脂的药物，只用红色奇迹。

可能大家不相信，但王阿姨的血脂和血压的确是降下来了。她很高兴。同时她的睡眠也有了很大程度的好转。以前王阿姨老失眠，可现在却好得太多了，可以一觉睡到大天亮了。

红色奇迹虾青素，真的是创造生命奇迹。王阿姨说，真的很感谢这么好的产品。


### 三十一、红色奇迹解决三高，为我带来了健康和快乐

北京海淀区花园路的石子焕，今年56岁。是一个血脂高、血压高、血糖高的"三高"病人。他现在正在用红色奇迹虾青素，已经用了一段时间，现在血脂、血压和血糖都得了控制，基本恢复了正常。

以前，他的血脂比正常人要高1个点多（5.4mmol/L），现在血脂3.8mmol/L，非常正常。血压以前吃着降压药也很不稳定，忽高忽低很不正常，高压在150～160mmHg之间，低压在90mmHg左右。通过用红色奇迹，现在不但高脂血症降下来了，而且还3天吃一片药就能把血脂控制得非常好。

石先生一直吃降糖药，并且血糖既不稳定也不正常，高的时候在12～13mmol/L之间，后来吃的东西太少了，又出现了低血糖，晕了好几次。

自从2014年4月10日开始用红色奇迹虾青素，一个月后血糖开始有所好转，慢慢就开始降下来了。到现在就很平稳了，一般空腹在5～6mmol/L之间，餐后2小时血糖在7～8mmol/L之间，也不出现低血糖了。这让他很高兴，这样也可以避免并发症的出现了。而且现在的身体状况很好，免疫力提高了，很少感冒了。而所有这一切，都是红色奇迹虾青素的功劳。石先生真诚地感谢红色奇迹给他带来了健康和快乐！

## 三十二、多病缠身：粥样硬化、三高、白内障……

是红色奇迹让我过上有质量的晚年生活！

71岁的宁景海大爷，家住北京朝阳区酒仙桥高家园，是一位退休干部。从1998年患上糖尿病，到现在已经有17年的时间了。

血糖极不稳定，高得可怕，低得让人心里没底，真的不知哪天就没了。空腹血糖都在23个左右，而低血糖时仅有2.5上下，无奈只好住院治疗。

住院时大夫诊断了宁大爷的五大病状：一、冠状动脉粥样硬化心脏病。二、糖尿病周围血管病变，糖尿病视网膜病变。三、脑动脉硬化，脑供血不足，3次晕倒！四、高血压3级！170/90mmHg。五、双眼老年性白内障，左视力0.3，右视力0.1。

这样的结论，你可以想象宁大爷是一种怎样的生命质量。

2014年4月10日，宁大爷看到了红色奇迹虾青素的宣传，他决心试上一把，于是就和他的好朋友一起开始用红色奇迹。

服用前身体表现：血脂检测160mmol/L，血黏度极大，空腹血糖在8～10mmol/L，血压高压140mmHg，低压90mmHg，糖化血红蛋白8.8，尿频尿急，每夜起床3-4次，没有睡过整夜的觉，双下肢浮肿！

2014年5月1日开始用红色奇迹，每日2次，每次3粒，2个月后，每夜可持续睡眠4～5个小时，每夜起夜1～2次，空腹血糖

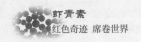

5～7mmol/L，血脂降到75mmol/L，血压高压110mmHg，低压60mmHg，持续到现在很平稳，双下肢浮肿消失了，可喜的是"三多一少"症状没有了，体重还长了2公斤，干活有劲了，精神也好了很多。用红色奇迹2个月后，宁大爷见到了实效，就像变了一个人。朋友用的也很好，宁大爷算是对这个红色奇迹心服口服了。

### 三十三、红色奇迹虾青素，一专多能

李桂林大爷，今年74岁，老伴周淑兰今年71岁，都是多年的高血压患者，老伴还有十几年的糖尿病，李大爷的高压是185mmHg，低压是70mmHg，老伴的血糖餐前是8.9mmol/L，餐后是14.5mmol/L。

李大爷和老伴吃了好多降糖药效果都不理想，自从2014年9月11日开始用红色奇迹虾青素，用了2个多月，效果特别的好。李大爷的高压一下子降到了130mmHg，低压80mmHg，一直到现在李大爷的降压药都不吃了，更可喜的是血糖也降下来了，餐前4.7mmol/L，餐后7.8mmol/L，一直都很平稳。老伴的降糖药由原来的每天3片降到了每天2片，红色奇迹虾青素在李大爷老两口身上起到了很好的效果，全家都非常高兴，李大爷不但血压降下来了，身体也感觉比以前有精神了，走路腿比以前更有劲了，晚上睡眠质量也提高了，每次出去游玩更加开心了。

所以，李大爷把他的体会也介绍给了亲朋好友，一个街坊用了三个月的虾青素，到医院一检查原来的轻度脂肪肝消失了，真是高兴极了，所以李大爷他们非常相信红色奇迹，因为它能同时预防治疗多种疾病并且无任何毒副作用，真是太棒了！

### 三十四、血压平稳了，老伴儿再也不用为我担惊受怕了

唐山的赵师傅今年73岁了，从1998年开始高血压就一直伴随着

他，血压曾一度高达220/110（mmHg）。老伴担心，不让赵师傅出门，每天给他量血压、测心率、做病情记录。还给赵师傅买过好多次不同的降压药物，但是，心率总是48～51（次/分），不见好转，每年10月开始病情发作，赵师傅是吃不下，睡不好，自己痛苦不说，可是苦了、累了那相伴了几十年的老伴。

2014年2月份，赵师傅买回红色奇迹虾青素用了3天后，便起到了非常好的效果，原本行动不便的左腿竟然好了很多，三叉神经也不痛了（血管痉挛），一量，赵师傅的心率达到了57～61次/分……

现在，赵师傅每天都安然入睡到天亮，终于赶走了原本早上5～6点钟无法入睡的焦虑；心律失常导致的无法行动的现象服用以来也没再出现过。赵师傅终于可以大胆的出门了！

## 三十五、有病能治，无病能防，红色奇迹让人放心

湖北武汉的唐一水，今年68岁。2008年8月，因为脑梗他在医院接受治疗，好转后出院。10个月后于2009年7月25日，唐师傅再次因为反应迟钝、言语不清、情感淡漠、记忆力明显减退而去医院进行治疗，经CT检查提示后有明显脑萎缩。医生根据他的症状结合CT检查、辅助检查诊断：血管性老年痴呆症。

在医院进行一段时间的常规治疗后，唐师傅就被家人接回了家中，从医院里拿了很多西药，就这样唐师傅一边吃药，一边静养。

后来，唐师傅的家人在朋友的推介下，就为他买了红色奇迹虾青素。在服用的同时，唐师傅开始加强各项功能锻炼，1个月后，症状开始好转；3个月后，唐师傅又变得像以前一样能说会道了！

直到现在，唐师傅仍然还在吃红色奇迹。其实唐师傅的病已经好得差不多了。唐师傅是这么想的，现在很多老百姓不都在吃保健品嘛，红色奇迹实际上就是最好的保健品，它有病能治，无病能防。红色奇迹让人吃得放心，舒心！

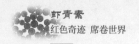
## 三十六、偏瘫3年我重新站起来，买菜做饭样样行

江苏南通的郭大爷2008年12月因脑梗导致左侧偏瘫，住院一个月，效果不明显，出院时还不能单独行走，要两个人搀扶。以后，又是针灸，又是吃药，都没有阻止病情的继续恶化，结果导致二次复发，留下了严重的后遗症，左臂膀僵硬、麻木、左腿无力，走路就像踩棉花，穿衣吃饭都成问题，为了不拖累儿子郭大爷还有过自杀的念头。

后来，在病友的介绍下，知道红色奇迹虾青素非常不错，郭大爷试着买了几瓶。刚开始，郭大爷对红色奇迹的疗效还是持怀疑态度的，吃到第13天，奇迹出现了，左侧原来偏瘫没有一点知觉的肢体有了发胀、发热的感觉，通过咨询专家，知道这是一种好现象，说明在起作用。

一个星期后，疼痛感减轻不少，左胳膊开始有了蚁行感，手指也开始能小幅动弹了；服用了3个月，手指活动有力了，走道不用搀扶了，吃完5瓶，发生了翻天覆地的变化，左膀子能够抬高90度，手可以抓东西了，穿衣吃饭也完全没问题了，走路也更有劲了。于是，郭大爷对红色奇迹的疗效就深信不疑了。

2014年3月郭大爷正式用红色奇迹，一直到现在都没有间断。让他高兴的是，从那时起，不但病情没有复发，也没输过液，也没针过灸。

现在，郭大爷不但行动自由，还能买菜做饭，照顾孙子了。都说家有一老，胜似一宝，拖累了儿女五六年，现在郭大爷又能帮儿女一点忙，这种感觉真好。感谢红色奇迹，它让郭大爷这么一个整天瘫在床上的活死人，重新过上了正常人的生活。

在这里，郭大爷要告诉所有的偏瘫病友们，不要再花冤

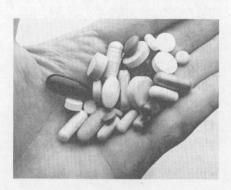

枉钱了，不要再走冤枉路了，红色奇迹虾青素就是咱老百姓最好的
选择！

## 三十七、嘴不歪，舌居中，红色奇迹让我做回我自己

北京大兴的朱阿姨今年63岁。2008年2月清早起床发现右侧上、
下肢活动不自如，上肢难以举起，下肢行走无力。朱阿姨这人嘴皮子
一向是比较利索的，可是在当时却说话断断续续，很不流畅，而且还
呈现偏瘫状态。

老伴吓坏了，赶紧给孩子们打电话，孩子们放下工作，赶紧把
朱阿姨送进医院，经医院CT检查，确诊为左侧脑血栓。

朱阿姨开始接受住院治疗。至2009年12月，计算共住院治疗4
次，每次20余天，治疗一般均输以脑活素、曲克芦丁、复方丹参注
射液、胞磷胆碱等药交替使用，口服硝苯地平、维生素E、维生素
C，有时服阿司匹林片等一般常规治疗。

当时，医生又给朱阿姨进行了全身检查，结果：血压正常，心
电图，肝、胆、脾、双肾B超均未见异常。但是，在检查神经系统
时，却发现嘴角歪向左侧，伸舌偏左，右侧上下肢肌力呈II级，腱反
射活跃，病理反射（＋）；并作了治疗前血流变与甲襞微循环检测，
呈现高黏滞血与微循环灌注不良状态。

朱阿姨一看，这样住院治疗下去不行啊，且不说花费问题，单
说这前几个月的住院治疗吧，病情不但没有完全控制住，而且由于长
时间运用西药治疗，还产生了一些毒副作用。她经过几宿的考虑，决
定回家进行调理。

这期间，朱阿姨的儿子就劝她继续住院，却被朱阿姨坚决地拒
绝了。就这样，朱阿姨在家里一边养护，一边治疗。儿子经常到医院
拿些西药，有时候他也给买些保健品服用。尽管病情没有进一步加
重，但是也没有明显的好转。

2014年4月的一天中午，儿子不知从哪里打听到红色奇迹虾青素，就去给朱阿姨买了一瓶。刚开始，朱阿姨还责怪儿子不该乱花钱，因为以前他买的那些保健品吃过以后，感觉没什么效果，吃了等于不吃。可没想到，红色奇迹却大大出乎她的意料。

一瓶吃罢，尽管病情没有明显改观，但是朱阿姨感觉还不错，人感觉到很舒服很轻松，于是就让儿子又去给买了几瓶。在用红色奇迹虾青素期间，朱阿姨除配合功能锻炼之外，并没有做输液、针灸等治疗。

用红色奇迹3个月后，朱阿姨明显地感觉到精神好转，由从前不想活动变为主动进行体育锻炼，经检查血压、肝、胆、脾、肾、心电图仍在正常范围，嘴角有恢复。伸舌居中，右侧上下肢力达4级，腱反射正常，朱阿姨可以自行活动了，而且还能帮助老伴适当地做点家务活，血流变及微循环检查比治疗前各项指标大有改善。

此后朱阿姨就吃上了红色奇迹虾青素，一直到现在。这个红色奇迹效果非常好，能节省下很多其他药费，还不像那些药有副作用，很适合老百姓长期服用。

## 三十八、精力旺 身体棒 解决难言之隐

内蒙古赤峰的刘国义今年56岁，是一家私营企业的老板。仗着身体底子还不错，多年来一直是过度操劳，透支身体。最近几年，刘先生常常感觉乏力，睡眠障碍，潮热多汗，心慌，记忆力减退，情绪低落，性欲减退等。不仅工作上大受影响，就连夫妻关系都拉响了警报。

多次去医院检查，也没有明确的诊断，每次就是开些维生素等有营养作用的药，不解决什么问题，自己也买了不少营养补品，也没什么效果。后来在朋友的介绍下，服用天然虾青素后，一个星期左右的时间，自己感觉到比以前精神好多了，半个月以后，晚上睡眠也很香。吃虾青素不到2个月，刘先生明显感觉到体力增强，多年没有的晨勃出现了，夫妻生活也和谐了。现在的刘先生事业有信心，办事有体力，自信心也是空前高涨，感觉自己好像年轻了20岁。

### 三十九、20年的脑梗能走路了

陈国年81岁，家住辽宁省辽阳市白塔区，20年前患上脑梗、血管硬化，斑块比较多。左边身体完全不能动，手指都不能自如的伸展，口齿也不清楚，在当地医院反复康复治疗，落下病根，使他一直不能生活自理。直到2013年发现央广健康播出的虾青素，让他燃起了一丝希望。抱着试试看，死马当作活马医的心态，于是3月份买了一疗程服用，一个月感觉头不晕了，脑不涨了，有一些小变化，2013年7月份又买了三个疗程的虾青素，服用半年后，感觉左半边身子有疼痛感了，思维能力意识清晰了，舌头不那么僵硬了，血压基本稳定。2014年1月份又订了三个疗程的虾青素，每天6粒，虽然还是拄着拐杖，胳膊腿都有力气了，精神头好了很多，走几十步路没问题。服用一年后，病情有了突飞猛进的改变，去医院做了全面的检查，各项指标很正常，血管里的斑块有很大变化，大斑块变小了，小的变没有了，直到现在一直服用，每天拄着拐杖能在小区里遛弯了，自己能照顾自己了，家人们也解脱了，很是欣慰，虾青素改变了他的命运。

### 四十、胃病没了 终于可以想吃就吃了

福建的李晓燕今年35岁，肠胃不好，已有20多年了，常年用一些消炎药，中药和止痛药，从起初的一片变成后来的多种药。从十多岁时开始一直这个状态，而且好多东西都吃不了，别人吃一些好吃的，自己只能眼看着。同年龄的女孩一个个早都结婚了，可是她连搞对象都不敢，因身体太瘦，吃什么拉什么，身高1.65米，只有70多斤，家人看了都特别心疼。父亲在2014年春天在电视上看到了虾青素，开始给她吃虾青素。2个月后，肠胃有了改善，开始少量的吃蛋类和肉食，到今天已经什么都能吃了，脸色也好了，体重增加将近20斤，人也显得漂亮很多。真没想到，虾青素解决了20多年的老胃病！

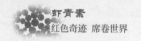
## 四十一、吃了虾青素 省了放支架

李立家住辽宁省辽阳市，有十几年的心脏病，经常是胸闷气短，加上动脉硬化，冠状动脉狭窄，一生气嘴唇发紫，还有心绞痛出现，医生让她做支架，由于经济困难，负担不起高额的费用，一直在保守治疗，十几年三天两头的犯病，一犯就用丹参滴丸还有速效救心丸顶着，太痛苦了。后来经朋友介绍说虾青素就管这病的，她半信半疑，后来想还是试试吧，就买了一盒，吃了一周后，心脏就有了点变化，真的管用！连续吃了一个周期后，胸闷、憋气，惊悸等现象没有了，就是爬楼梯也没出现这些症状。现在她已经吃了一年半了，心绞痛也好了，心率也正常了，就和正常人一样。她经常和朋友说："这就是虾青素给我带来的健康和幸福，再也不用放支架了，我就一直吃虾青素了"！

## 四十二、不发脾气不盗汗 平安度过更年期

韩彩霞是一名妇科医生，38岁进入更年期，当时她找了很多方法都没反应。朋友推荐她一个产品叫虾青素，是一个功能性保健产品，能起到治疗作用，效果很好，她当时根本不相信，心里想，西医没有办法的病，保健品能有什么效果呢。就拖了半年没用。半年后的一天，她姑姑来家做客，说实在的，姑姑一进门韩彩霞就看出不一样，面相年轻多了，姑姑说在用虾青素，用了半年多了，当时她就迫不及待的让姑姑帮她联系到虾青素的销售人员，买了三个周期的回来。还别说，三个疗程用完后，除了皮肤好了，她以前的很多毛病都没了，比如失眠、手脚冰凉、盗汗、爱发脾气，都有明显改善。

## 四十三、吃错剂量歪打正着，20多天指标正常了

北京通州的李女士，吃虾青素已经两年多了，两年前，她睡

眼特别不好，还有一些更年期的症状，在电视上看到虾青素的介绍后，她就买了一些，吃了20多天就有改变了，能睡着觉了。晚上起夜，回来还能接荐睡。而且还带来许多好处，李女士5、6年的肩周炎不知不觉就好了，再没犯过。后来，李女士又把虾青素介绍给他的姑父吃。姑父已经83岁了，但得了比较严重的心梗，堵的比较厉害，医生建议做支架手术，但一家人都很犹豫：83岁了，做了是3、5年，不做也是3、5年，后来就征求李女士的意见，李女士给姑父送了一盒虾青素过去，让他先吃吃。本来叮嘱姑父每天吃4粒，早晨两粒，中午两粒，结果姑姑给传达错了，早晨吃了4粒，中午吃了4粒，吃了八粒，多了一倍。20多天过后给李女士打电话，虾青素没了，姑父都给吃完了，一问感觉怎么样？姑姑说很好。又问怎么这么快没了呢，这一盒最起码能吃两个多月呢！姑姑说了，每天吃了八粒。李女士吓了一跳，说那赶快上医院做个体检吧，检查一下到底是什么情况。到医院以后，检查结果出来了，特别满意！一切指标正常，不用做支架了！现在李女士每次一买红色奇迹虾青素就是10大盒，家里岁数大的都吃上了！

## 四十四、治不好的眼痉挛，虾青素让我睁开眼

63岁的刘先生是河南人，以前有个毛病：睁不开眼，俩手扳着都睁不开，走路都看不见路。在当地医院检查不出来是啥病，到郑州医学院检查，确诊是眼睑痉挛，医生也说没有太好的方法，没有针对性的药。打封闭针也不是针对性治这个病的，一个多月打一次封闭针。国产的这个药是八百进口的是一千八。后来，刘先生打了几个月国产的封闭针，也没效果。后来邻居给他介绍了虾青素。抱着试一试的想法，刘先生吃上了。吃了不到十天，眼睁开了。这下子老刘可高兴坏了！他说，这虾青素咋这好？后来请教专家，才知道这是眼底血管痉挛，造成了继发性的血管病变，严重的可以压迫导视神经。虾青素抗氧化消除自由基，是非常强大的抗氧化的武

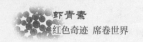

器。可以直接消除眼底的血管动脉的硬化。动脉硬化的这种情况也逐渐地在减退，眼睛就不会再有痉挛的症状，眼睛轻轻松松就睁开了，再也不用拿俩手扒着，家里人也都特高兴！花了那么多钱都没治好，虾青素一下子就给解决了！

## 四十五、不仅是心脏病，脉管炎也消失了

张阿姨是天津人，今年58岁，服用虾青素有九个月了。在没服用虾青素之前，张阿姨饱受心脏病折磨，走路都不敢走快了。到医院检查确诊是冠心病、心肌缺血挺严重。每次犯病了就去社区医院输液，能管三四个月，过后又犯病，又接着输液，每年都要因为心脏病输几次液。2010年，大年初二，张阿姨发现自己腿浮肿的厉害，从脚脖子到膝盖，一摁一个坑，半天都恢复不了。过了正月十五就去医院了，医生看看，又让输液！输了一个疗程，腿倒是不肿了。可腿上出现了三寸来长的黑紫块。医生说是脉管炎，严重的结果就是截肢。张阿姨一听，心脏不好，还多了一个脉管炎，也不再输液了，就开始吃虾青素，吃到现在，快九个月了，去复查，心脏基本没问题了，腿上黑紫的颜色现在也慢慢恢复过来了，小孙子都说：奶奶，你的腿变过来了。张阿姨心里特别高兴，有了自己这个亲身体验，张阿姨逢人就说虾青素好，真太好了！

## 四十六、脑清目明，60岁考下驾驶证

60岁的张师傅最近心情特别好，因为他刚刚通过了驾照的考试，拿到了驾照！拿个驾照，对于一般人来说可能没什么大不了，但张师傅情况特殊，本来已经60岁了，身体是没什么大毛病，可就是眼睛看什么都模糊，这还怎么开车？张师傅看电视的时候看到虾青素的介绍，看到虾青素对血管有好处，降胆固醇降血脂，就想吃了预防一下。没想到，刚吃三天，发现眼睛不像原来那样模糊了，

明显看东西透亮了！之前眼睛不光是花，看东西看着模模糊糊的，吃虾青素以后，不花了，清晰了！而且啊，张师傅学开车的时候，在电脑上学科目一那一千多道题，他就发现，吃虾青素让他记忆力也增强了，脑袋清醒了很多，记不住、不理解的题都能理解，记住了。没想到，吃了虾青素这两方面收到了好效果。现在，张师傅顺利的把驾驶证考下来了！他说："谁都舍不得花钱，得想开，我今年都六十了，我还学开车去，为什么呢？我觉得人活一辈子得有个梦想吧！人生第一位，是身体心态好"！

part 7

# 第七章 / 红色奇迹
## ——虾青素来到中国

## 雨生红球藻获批"新资源食品"

2010年10月，中华人民共和国卫生部发布第17号公告，批准雨生红球藻为新资源食品，雨生红球藻作为添加剂，开始正式进入中国的食品、保健以及日化行业。

什么是新资源食品？

在我国新研制、新发现、新引进的无食用习惯的，符合食品基本要求的食品称新资源食品。

《新资源食品管理办法》规定新资源食品具有以下特点。

1. 在我国无食用习惯的动物、植物和微生物；

2. 在食品加工过程中使用的微生物新品种；

3. 因采用新工艺生产导致原有成分或者结构发生改变的食品原料。

新资源食品应当符合《食品卫生法》及有关法规、规章、标准的规定，对人体不得产生任何急性、亚急性、慢性或其他潜在性健康危害。

国家鼓励对新资源食品的科学研究和开发。卫生部已批准了二十几项新资源食品，例如：仙人掌、金花茶、芦荟、双歧杆菌、嗜酸乳杆菌等。

雨生红球藻作为虾青素最丰富的天然来源，在全世界范围内获得广泛认可。我国有关部门也迅速对其进行了全面检验。在经过了一系列上百次的严苛检验之后，发现雨生红球藻的虾青素含量丰富，而且没有任何毒副作用，而且国内尚无产品有类似功效，没有任何人工合成成分，这样的原生态产品对我国人民的健康有着极其重要的意义。雨生红球藻被批准为新资源食品，可以认为它具有了食品级的安全。

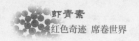

# 国家卫生计生委食品安全标准与监测评估司

| 主站首页 | 首页 | 机构设置 | 公文 | 工作动态 |

您当前的位置：首页 >> 通告公告 　　　　　　　　　字体大小: 大 中 小 🖨 打印页面 我要分享 ✕ 关闭

### 关于批准雨生红球藻等新资源食品的公告（2010年 第17号）

中华人民共和国国家卫生和计划生育委员会　2010-11-11

**2010年 第17号**

根据《中华人民共和国食品安全法》和《新资源食品管理办法》的规定，现批准雨生红球藻、表没食子儿茶素没食子酸酯为新资源食品，允许水苏糖作为普通食品生产经营，将费氏丙酸杆菌谢氏亚种列入我部于2010年4月印发的《可用于食品的菌种名单》（卫办监督发〔2010〕65号）。以上食品的生产经营应当符合有关法律、法规、标准规定。

特此公告。

附件：雨生红球藻等两种新资源食品目录.doc

二〇一〇年十月二十九日

## 从夏威夷到北京——
## 红色奇迹虾青素获批国内唯一进口虾青素"蓝帽子"！

2015年7月，美国Cyanotech Corporation公司旗下产品——"纽瑞可牌百奥斯汀软胶囊"正式获得中国国家食品药品监督总局批准，获得进口保健食品"蓝帽子"（国食健字J20150005），并获批命名为"红色奇迹"，象征着红色的虾青素将为中国人民开启健康新篇章，创造红色健康奇迹。这在国内虾青素产品中是独一无二的。

批准文号查询方式：

1. 进入国家食品药品监督管理局数据查询网站：

http://app1.sfda.gov.cn/datasearch/face3/dir.html

2. 点击"进口保健食品"

3. 在"查询"左侧输入"百奥斯汀软胶囊"，点击"查询"

## 不是所有虾青素都能被称为"红色奇迹"

前文我们讲到，在科学家、生物学家和医药学家的共同努力下，抗氧化剂家族的"家庭成员"也在不断发展扩大中，而红色奇迹虾青素的问世，以其在原料、萃取技术、有效成分含量、吸收率等多方面的重要突破和大幅提升，其效果也远远超出第四代抗氧化剂。红色奇迹虾青素也因此被业界誉为"超强抗氧化剂"，并获得广泛认可。

### 1. 原料：天然，服用安全

Cyanotech Corporation公司是美国上市企业，位于美国夏威夷，拥有世界最大的敞开式的雨生红球藻虾青素生产基地，30多年的微藻养殖经验，是全球最大最专业的天然虾青素生产厂家，目前，Cyanotech公司的养殖技术领先全球，全世界70%的虾青素均来自

123

位于夏威夷大岛之旁的科纳岛岸边，Cyanotech 公司90英亩（约40公顷）的微藻养殖基地

Cyanotech公司。其养殖基地位于美国西海岸，是美国唯一的群岛——夏威夷群岛。独特的地理位置和自然气候，是养殖雨生红球藻的绝佳环境。养殖所用水源采用太平洋海平面以下900米深海水和夏威夷蓄水层的可饮用水，全程确保原料天然、无污染。

### 2. 技术：先进萃取技术，品质领先全球

Cyanotech公司作为全球领先的天然虾青素生产厂家，独家拥有领先世界的天然虾青素萃取技术，红色奇迹虾青素采用二氧化碳超临界萃取工艺，无化学残留，提取出的虾青素纯度极高，这是红色奇迹领先其他虾青素产品的关键所在。

### 3. 含量：有效成分含量高，绝不以次充好

在国家食品药品监督管理局网站上，我们看到红色奇迹"纽瑞可牌百奥斯汀软胶囊"的信息："功效成分/标志性成份含量每100g含：虾青素0.8g、维生素E 1.34g"。其中，每100g含虾青素0.8g，远远高于其他虾青素产品。

其他虾青素产品以雨生红球藻为原料，而雨生红球藻中，虾青素含量最高为3%，而红色奇迹以提取出来的虾青素（雨生红球藻提取物）为原料，不仅有效成分含量高，且能直接被人体吸收。

目前，多数产品虾青素含量测定采用的是分光光度计法，这种检测方法，多用于检测类胡萝卜素整体含量，但无法精确虾青素具体含量。而红色奇迹虾青素含量测定采用高效液相色谱法检测，此方法能将所有类胡萝卜素精确检测，包括虾青素的精确含量，所以红色奇迹所标明的成份含量，也是单纯虾青素成分的含量。

### 4. 吸收：人体吸收率大幅提高，功效增强

人体吸收率对比实验证实，红色奇迹虾青素在心脏、肺、肝脏、胃、肠、肾、肌肉、大脑、皮肤、眼睛、卵巢、前列腺等人体组织器官的细胞吸收率大大高于其他品牌虾青素，在上述器官细胞的吸收时间、吸收率、富集程度有明显优势。

### 5. 组合：精妙组合，稳定性超强

红色奇迹"纽瑞可牌百奥斯汀软胶囊"美国原装进口，以雨生红球藻提取物、红花籽油、天然维生素E等为主要原料，这一组合十分精妙：其中红花籽油含有丰富的不饱和脂肪酸，是人体不可或缺的营养，与虾青素组合，具有很强的协同作用，大大提高虾青素效果。

天然维生素E则能很好的保护虾青素不被降解，红色奇迹先进的提取工艺，加上天然维生素E的保护，使红色奇迹虾青素能做到36个月有效成分虾青素流失率＜5%，这是其他品牌虾青素产品无法做到的。（对比实验证实，其他品牌虾青素有效成分2个月流失率为40%～50%。）

### 6. 检验：严格检验，品质保障

红色奇迹虾青素经过了最严格的三重检验——美国食品药物管理局（FDA）和中国食品药品监督管理总局（SFDA）、中国出入境检验，确保不含任何违禁成分、激素等添加，确保有效成分含量，确保符合国家保健品标准，才准许引进国内。

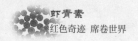

### 红色奇迹虾青素与其他虾青素产品比较

| | 红色奇迹虾青素 | 其他虾青素产品 |
|---|---|---|
| 原料 | 虾青素 | 雨生红球藻、虾青素油、磷虾油等 |
| 虾青素萃取技术 | 二氧化碳超临界萃取技术 | 制成粉末或无工艺 |
| 虾青素含量 | 0.8g/100g | ＜0.4g/100g |
| 虾青素含量检测方法（含量标准） | 高效液相色谱法<br>检测所有类胡萝卜素种类的含量，精确检测虾青素含量 | 分光光度计法<br>检测的只是类胡萝卜素总量，并非虾青素含量 |
| 权威批准 | "小蓝帽"<br>国食健字J20150005<br>国内唯一进口虾青素产品 | 无"小蓝帽"批号，无进口批号 |
| 稳定性 | 36个月有效成分虾青素流失率＜5% | 2个月有效成分虾青素流失率40%～50% |
| 吸收率 | 99.9% | 30%～70% |

part 8

第八章／虾青素的应用与答疑

### 一、如何服用虾青素更有效

若干试验研究已经验证了虾青素的生物药效。但是如果要确定适宜人类的最佳服用量则需仔细考虑多个因素。那么适合于大部分人的剂量是多少呢?

回答这个问题需要考虑几点:首先,你吃虾青素的目的是什么?其次,你对虾青素的吸收能力是多少,5%还是90%?

我们先来讨论第二个问题:不同的人对类胡萝卜素的吸收能力不同。例如,也许你能吸收膳食中90%的类胡萝卜素,但是你的朋友有可能只吸收5%。那么,给所有的人推荐一个具体的剂量就太牵强了。如果你能吸收90%的类胡萝卜素,那么你服用1毫克虾青素的效果就同你的只吸收5%的朋友服用18毫克的虾青素是一样的!

另外一个重要的因素是你服用虾青素的原因。如果你是位男士被诊断为精子质量差,而你和太太想要孩子,那就应该服用生殖试验所建议的高剂量,也就是每天16毫克。如果你仅仅是为了抗氧化和提高免疫力,而且你的膳食已经很均衡,那么你每天只需服用2毫克。

另外一个决定人体对虾青素吸收能力的因素是服用时间:

我们极力推荐在进餐时服用天然虾青素,最好膳食中含一部分脂质。因为虾青素同其他类胡萝卜素一样,属于脂溶性物质。如果在缺乏脂质时服用,人体对这些亲脂性营养素的吸收就很差;相反,则会优化吸收。一项研究围绕这个论述进行了试验,试验传达的信息很明确:请同脂类一起服用虾青素胶囊,这样才能获得最好的效果。

下面是一份为消费者提供不同用途的建议用量表。

| 用　　途 | 建议用量 |
|---|---|
| 抗氧化 | 4~8毫克/天 |
| 关节炎 | 8~12毫克/天 |
| 心血管健康 | 8~12毫克/天 |
| 大脑和中枢神经系统健康 | 8~12毫克/天 |

| 用　　途 | 建议用量 |
|---|---|
| 眼睛健康 | 4~8毫克/天 |
| 肌腱炎或腕管综合征 | 4~12毫克/天 |
| 无征兆炎症 | 4~12毫克/天 |
| 口服防晒 | 4~8毫克/天 |
| 口服美容、改善皮肤 | 2~4毫克/天 |
| 强化免疫系统 | 2~4毫克/天 |
| 增强活力和耐力 | 4~8毫克/天 |

当你确定了适合自己的用量时，最好在前两个月服用最大剂量，这样给虾青素一个在你的身体里集中的机会。在那之后，你可以尝试着降低剂量到你需要的范围。大多数生产厂家的标准剂量是4毫克/粒软胶囊；这种剂量是特别为以下症状的人群推荐使用的。

1. 患有严重关节炎的人群

2. 患有心脑血管病的人群

3. 需要抗癌的人群

4. 类胡萝卜素吸收不良的人群

当然，没有人真正知道自己对类胡萝卜素的吸收能力如何。因此，很多人选择开始时服用这类营养素。这样做是非常明智的，它增加了得到益处的机会，而不是如15%~20%的人在吃虾青素后感觉不到任何区别。但是为了减轻经济负担，不妨在最初几个月使用较高的剂量。如同我们上面提到的，然后尝试减到每天4毫克或8毫克。还有一个更经济的方法能使你得到同样的效果，就是每个月都吃虾青素。需要铭记两点。

虾青素没有毒性剂量限制，所以吃多了也不会对你有害。

虾青素的抗氧化功效极强。因此即使每天服用的多种维生素或抗氧化配方中添加极少量的虾青素，也会帮助预防所有与氧化和炎症有关、危及生命的病症。

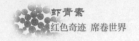
## 二、关于虾青素常见问题的答疑

### 问：虾青素抗氧化能力如何？

答：虾青素是公认的最新一代抗氧化剂。

第一代抗氧化剂：维生素类，如维生素A、C、E等；

第二代抗氧化剂：β胡萝卜素、辅酶Q10、SOD之类；

第三代抗氧化剂：花青素（OPC）葡萄籽、蓝莓提取物、绿茶素（茶叶提取）、硫辛酸、番茄红素之类；

第四代抗氧化剂：天然虾青素。虾青素是目前为止自然界发现的最强抗氧化素，抗氧化活性是维生素E的550~1000倍，茶多酚的200倍、花青素的150倍、硫辛酸的75倍、辅酶Q10的800倍。各项研究证实，虾青素无论是脂溶状态，还是水溶状态，都能很好地清除自由基。而且虾青素在自由基发生前，就能阻断自由基的产生。

### 问：虾青素与平时使用的"抗炎药"有什么区别？

答：1. 大多抗炎药物都有潜在的、危险的副作用，甚至会导致死亡。

2. 虾青素是一种安全的、纯天然止痛消炎替代品。

3. 抗炎药物见效快、副作用大。

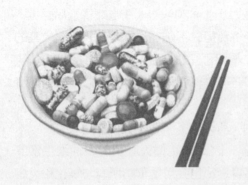

4. 虾青素的效果缓和、持续服用可见效果，但无任何副作用。

大多数人服用虾青素2至4周后能显现出它在缓解疼痛、增强力量以及提高灵活性方面的益处。其实这就是天然疗法的特点，对身体无副作用。

**问：虾青素真的有这么神奇？**

答：毋庸置疑。如今在美国，在欧洲，特别是在最长寿的日本，虾青素已经成为炙手可热的健康产品，已有两千多款虾青素的产品在日本销售。还有在邻国韩国，那里的中老年人更擅长养生保健，虾青素更是广受欢迎。

**问：很多关于虾青素的宣传，似乎虾青素岂可以"治百病"。请问虾青素最主要的作用是什么？**

答：虾青素最主要的两个功能就是超强抗氧化和抗炎症。虾青素只是针对两类疾病有效果，一是因为氧化应激导致的一些慢性疾病，比如说糖尿病、心脑血管疾病、痛风、帕金森病、老年性痴呆等等；二是对于一些非细菌性（包括病毒、支原体等）炎症疾病，比如系统性红斑狼疮，在这方面他的作用可以等同于"可的松"作用，只是没有这些可的松类激素导致的副作用。

**问：为何虾青素如此珍贵？**

答：虾青素从雨生红球藻提炼出来，每吨红球藻液只能萃取到50毫升的虾青素原液。虾青素要强调纯天然，非人工基因转殖，才能有效，所以一直价格居高不下，要知道1粒虾青素软胶囊中虾青素的含量就相当于1公斤野生三文鱼中虾青素的含量。

**问：虾青素有副作用吗？**

答：以我们的知识以及来自全球的报道，至今没有发现天然虾青素的副作用或者禁忌证。因为三文鱼里的红色成分就是天然虾青素，野生鸡蛋、鸭蛋黄的红色成分也是虾青素，虾蟹壳肉的红颜色成分也是天然虾青素。人们实际上已经吃了数千年了。它不是一个新的物质，而是一个和我们人类已经应用了数千年的物质。

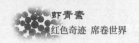

问：为什么虾青素又叫超级维生素E?

答：因为天然虾青素是迄今为止人类发现最强的抗氧化剂，抗氧化力是维生素E的550～1000倍。因此在国外把虾青素"astaxanthin"称为"super VitaminE"，翻译就成了"超级维生素E"，超级维生素E的别名就是这样来的。

## 三、如何使用虾青素

**问：每天何时服用虾青素最好？**

答：为了虾青素更好地被吸收，建议在早饭后30分钟内服用，比起不规律的服用，早饭后更能推动胃动力，而且摄入一定脂肪后促进了胆汁分泌，有利于将虾青素酯乳化，促进更好的吸收。研究证实餐后服用后的血药峰值是餐前服用的2.4～3.0倍。特别提醒的是如果有人早餐没有任何脂肪，就不能促进胆汁的分泌，有可能吸收不好。

注意：如果吃虾青素后大便明显变红色，就是没有被完全吸收了。

**问：跟其他药物可以一起使用吗？对虾贝类过敏的人能服用虾青素吗？**

答：一般来说没有关系，可以跟其他药物一起服用。同时虾青素来源于纯养殖的淡水藻类，不含有虾贝类的过敏源。

**问：服用虾青素多久一个疗程？**

答：目前全世界还没有把它批准为一种药。全球第一例，美国批准虾青素可用于人类食品是在2000年，而药物的研究是一个非常漫长的过程。美国某公司已经把虾青素作为脑梗死后防止再次脑梗死的药物在申报，已经完成了临床前的研究。所以现在不能说疗程，而是服用到氧化指标显著改善为止，不同疾病氧化损伤的程度不一，因此用的剂量、时间也不一样。

**问：服用虾青素有无禁忌证**

答：迄今为止，尚无有报道健康人群、亚健康人群、疾病人群服

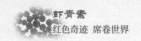

用虾青素出现的任何异常现象；也未有报到服用虾青素和其他抗氧剂类膳食补充剂联合使用的禁忌报道，药物、食品、膳食营养补充剂、保健食品与虾青素联合使用的副作用也无报道。服用观察，虾青素不会导致便秘、拉肚、一过性高血压、失眠、嗜睡、上火、胃部不适。

**问：一天服用虾青素多大剂量好？**

答：一、健康人群。

建议服用剂量；每日1粒虾青素胶囊（保健量）。

二、亚健康人群、体乏无力、精神萎靡、食欲不振、记忆力减退、睡眠障碍、经常得感冒、性欲减退、皮肤灰暗无光泽、头发干枯、脱发等。

建议服用剂量：每天2粒虾青素胶囊。

三、各种慢性疾病人群服用虾青素（请咨询医生）

建议服用剂量：每天2~4粒虾青素胶囊。

**问：那吃了虾青素还需要吃维生素E等抗氧化剂吗？**

答：原则上服用了天然虾青素，就不需要再用维生素E等抗氧化剂，其他如β-胡萝卜素、茶多酚、番茄红素、葡萄籽等就不需要了。

**问：什么人不能食用天然虾青素？**

答：天然虾青素没有任何副作用，也不会和任何药品、食品、保健品产生不良效果，除少年儿童、孕妇及乳母外，其他人群均可以放心食用。

**问：服用天然虾青素有什么注意事项？**

答：（1）有条件的可以查尿中脂质代谢产物MDA等含量的变化来观察其使用效果。

（2）因为虾青素是通过影响、控制生物体细胞（而不是具体的某个器官）氧化损害来起作用的，因此有些人的器官症状表现可能不明显。但细胞的寿命改善是显著的。

（3）作为美容的时候外用加内服可能效果会更好一些。

（4）有极少数胆功能障碍的患者服用维生素E和虾青素等效果不佳，所以服用虾青素以后一定要查看大便的颜色，如果发现大便颜色在服用虾青素以后变成红色，就表示服用者对虾青素消化吸收不佳，建议服用水溶性抗氧化剂如维生素C等。

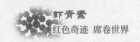

## 四、虾青素与疾病

**问：虾青素适合哪些人群服用？**

答：（1）疼痛类疾病人群：包括风湿性关节炎、类风湿性关节炎、痛风、滑囊炎、滑膜炎、膝关节炎等。

（2）糖尿病及其并发症人群：高血糖、高脂血症、眼病、肾病、周围神经病变等。

（3）心脑血管病人群：高脂血症、高血压、动脉粥样硬化、缺血性脑血管病（冠心病、脑梗死）。

（4）炎症人群：胃炎、胃溃疡、十二指肠溃疡、慢性结肠炎、胆囊炎、慢性气管炎等。

（5）癌症放化疗人群。

（6）眼疾人群：眼疲劳、眼动脉硬化、飞蚊症、老年视网膜黄斑病变、白内障等。

（7）肾功能障碍人群：尿蛋白、血肌酐、血尿素氮异常人群

（8）肝功异常人群：脂肪性肝炎、酒精性肝炎、病毒性肝炎、肝纤维化。

（9）肺病人群：肺纤维化、慢阻肺。

（10）老年痴呆：帕金森氏症、脑萎缩等。

（11）女性更年期综合征。

（12）男性不育（少精子症）。

（13）亚健康人群：免疫力低下、疲乏无力、食欲不振、记忆力减退、运动疲劳、肌肉酸痛等。

（14）美容人群：色斑沉积、多皱纹、皮肤弹性减弱、皮肤无光泽等。

**问：虾青素在调节血脂、血压方面效果如何？**

答：长期使用虾青素能持续有效扩张微血管，软化血管。但它跟一般通过扩张血管来降低血压的药物作用机理不一样，一般降压药

物是快速的、短期的，虾青素扩长血管是缓慢的、长期的。因此服用虾青素大约2~4个月后，一般可以减少降血压的药物用量或频次。但虾青素不会长久降低正常血压，它不是舒张血压，而是通过逆转动脉粥样硬化来降低血压的。因此没有导致低血压的危险。

### 问：虾青素降压机理是什么？

答：虾青素具有明显降低血压的效果，而且对正常人血压没有影响。其机理为：

1. 激活血管内皮细胞一氧化氮合成酶活性，调节生命第二信使一氧化氮浓度，从而调节血管舒张和收缩，起到调节血压作用。

2. 改善血液流变学，调节血液黏度。

3. 抑制血管紧张素II，舒张血管，降低血压。

虾青素降压，具有计量相关性。如果降压效果不明显，可以增加服用剂量。

### 问：心脑血管病人如何服用虾青素效果更好？

答：虾青素激活血管内皮细胞一氧化氮合成酶活性，扩张血管，降低血压，改善供血、供氧；抑制血管紧张素II、改善血液黏滞性，也能起到调节血压的作用。虾青素降低甘油三酯、总胆固醇及低密度脂蛋白，提高高密度脂蛋白，抑制低密度脂蛋白被氧化，抑制血管内皮炎症及血小板异常凝聚，从而从根本上预防动脉硬化。虾青素能够抑制血小板凝聚，预防血栓形成。同时，虾青素能改善缺血性损伤，抑制氧化应激对基因的损伤。因此，虾青素是心脑血管病人最好的保健选择之一。

心脑血管病人服用虾青素方法：

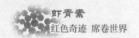
1. 第一周：每天一粒，早晚或晚饭后半小时服用。

2. 第二周：每天二粒，晚饭中或晚饭后半小时内服用。

3. 第三周：每天三粒，早中晚各一粒，饭中或饭后半小时内服用。

服用注意事项：

1. 不建议在服用时减停药品、保健品。

2. 减停正在服用的药品、保健品时，一定不要骤停，以防打乱体内平衡。

3. 减停保健品、药品时一定要咨询专家。

**问：虾青素如何达到预防脑梗死的效果？**

答：虾青素预防脑梗死、脑血栓等脑血管疾病的核心机理是，它能有效逆转已经粥样硬化的脑动脉，长期服用能彻底消除脑血管疾病的风险。其作用机理是：

（1）显著抑制低密度脂蛋白（LDL）氧化为氧化型的低密度脂蛋白（Ox-LDL），阻止脑动脉硬化的持续发展；

（2）显著提升抗动脉粥样硬化的脂蛋白——高密度脂蛋白（HDL），将动脉硬化的泡沫细胞及不稳定斑块转移到肝脏排出体外；

（3）抑制炎症因子，阻止动脉粥样硬化斑块的破裂防止血栓的形成，阻止脑梗死的形成。

**问：虾青素是否对 II 型糖尿病有效？**

答：有效。研究结果显示，虾青素能阻止胰岛细胞受到自由基的损害，同时是目前唯一能有效阻止糖尿病肾损伤的物质。

虾青素具有保护胰岛 β 细胞、降低胰岛素拮抗、改善糖尿病应激反

应、保护糖尿病人基因的作用。虾青素调节血糖具有剂量相关性。血糖越高，可以增加虾青素的服用剂量，达到理想的控制血糖效果。尤其是虾青素对于糖尿病可能并发的眼病、肾病、心脑血管疾病等具有良好的预防作用。

糖尿病人服用虾青素方法：

第一周：早、晚各1粒，餐中或餐后半小时内服用。

第二周：早、中、晚各1粒，餐中或餐后半小时内服用。

第三周：早1粒，中晚各2粒，餐中或餐后半小时内服用。

糖尿病人服用虾青素注意事项

1. 根据血糖值调节虾青素的服用剂量。

2. 服用期间不能骤停胰岛素、糖尿病化学药物、保健品，以免打乱体内平衡。

3. 根据血糖值检测情况可以逐渐减药物或其他保健品。

4. 在减停药物及其他保健品时，一定要咨询专家。

**问：虾青素为何称为美容新天后？**

答：对于女性来说，抵抗皱纹、老化岁月的摧残是人生最重要的事。单线态活性氧是人体老化的主因，它对肌肤最具破坏力，紫外线会对真皮层中的胶原蛋白产生破坏，人体无法抵抗其对肌肤的伤害，必需要靠虾青素这种超级抗氧化能力来抵抗，才是美容抗衰老的好方法。

**问：经常吸烟、喝酒的人服用虾青素效果如何？**

答：对于经常吸烟饮酒的人，更是强烈推荐使用虾青素，不过是需要增加一倍的剂量。研究证实，同样的人不吸烟时服用虾青素是吸烟时对虾青素吸收的

2.5倍左右。

### 问：虾青素对风湿骨病患者有什么好处？

答：虾青素具有强大的抗炎能力。而我们都知道，风湿、类风湿及骨关节疾病都是属于炎性反应疾病。虾青素或许不像西药抗炎药一样见效快又明显，但它却是一种安全的、纯天然止痛替代品。针对抗炎功效的多种临床研究，证明了天然虾青素对大多数关节炎、风湿、类风湿骨病患者都是有效的，88%正在遭受关节、肌肉酸痛的人经服用天然虾青素后，疼痛减轻，80%以上的骨关节炎、类风湿关节炎以及背部疼痛有疗效，不仅疼痛大大减轻，而且经医疗检测复查，风湿骨病病人的各项指标和检测结果都有了明显的好转，更重要的是，服用天然虾青素还从未出现过任何的副作用或者禁忌症状。

### 问：得了癌症，吃虾青素能起到什么作用？

答：癌症是由于细胞的DNA受损伤引起的，而虾青素就有助于抑制自由基，避免细胞受到损伤。根据流行病学的研究试验发现：饮食中富含天然β-胡萝卜素的人群患癌症的概率较小，说明β-胡萝卜素有助于预防癌症，而虾青素作为抗氧化剂其活性作用要比β-胡萝卜素53倍，那么虾青素在预防癌症的能力方面也要更强。

除了预防癌症，虾青素能有效的抑制癌细胞的繁殖，缩小肿瘤。在人体体外试验中，把人体结肠癌细胞分别放到含有虾青素的培养介质和不含虾青素的培养介质中，四天后发现经过虾青素接触的细胞其生存能力明显减弱。这主要是归功于虾青素有效的生物抗氧化作用、免疫系统功能强化的作用和基因表达的调节作用。

所以，虾青素不仅预防癌症，对于癌症病人来说，还可以控制癌细胞繁殖，缩小肿瘤，阻止癌症病人病情进一步恶化，大大提高肿瘤病人的生活质量。

### 问：健康的人吃虾青素有什么好处?

答：总体来说，长期坚持使用虾青素，可以做到"有病能治，无病能防"。

现代人由于快节奏的工作、学习、生活，身体大多处于超负荷状态，也就是人们常说的亚健康。据世界卫生组织统计，真正健康人群占5%，20%的人有病，而剩下的75%的人是亚健康。而亚健康也是病，是疾病的早期阶段，比如疲劳、乏力、头昏、失眠、烦躁、注意力不集中、记忆力下降等等，医学上称之为"慢性疲劳综合征"。

对于健康人来说，使用虾青素能预防疾病的发生，能减缓人体的氧化速度，抵抗衰老，延长寿命。

对于大多数处于亚健康状态的人来说，虾青素就是最好的抗疲劳剂。并且只需要很短的时间，你就能体会到这一点：精力充足了，体力增强了，不像以前困乏了，不管工作学习生活效率更高了。更重要的是，这些都是疾病的早期信号，使用虾青素后，都被清除了，疾病也不会发生了。

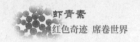

## 附录：

虾青素应用方面获得的专利

## 虾青素应用方面获得的专利

全球的保健品企业也推出了大约200多款虾青素软、硬胶囊、口服液的保健食品。尤其是在日本这个寿命最长的国家最为受到欢迎，近3年来虾青素成为日本最火爆的健康食品。东南亚深受其影响。我国也有一些企业相继跟进。虾青素的强大功效得到了确切而普遍的认可，同时也使人类在探索虾青素的科研成果上，取得了一个又一个的突破。下表中，所展示的就是人们在对虾青素的研究上所取得的技术成果专利，从中可见虾青素的确切功效以及应用的广泛。

| 专利号 | 专利名称 |
| --- | --- |
| US6258855 | 减轻和改善腕管综合征 |
| US6335015 | 乳腺炎的预防性药物 |
| WO02058683 | 抗高血压的类胡萝卜素因子 |
| NZ299641 | 使用虾青素作为缓解压力的药物 |
| US6344214 | 减轻发热产生肿泡喝溃疡疼痛症状 |
| EP1217996 | 使用虾青素治疗自身免疫性疾病、慢性病毒和细胞内细菌感染 |
| EP0786990 | 使用虾青素减缓中枢神经系统和眼睛的损伤 |
| US6262316 | 预防或治疗幽门螺杆菌感染的口服药物 |
| US6475547 | 在富含免疫球蛋白的牛奶中使用虾青素 |

| 专利号 | 专利名称 |
|---|---|
| WO0023064 | 治疗消化不良 |
| US6410602 | 改善精子质量，提高生育能力 |
| US6245818 | 作为增进肌肉耐力或治疗肌肉损伤的疾病的药物 |
| US6433025 | 减缓或防止紫外线晒伤 |
| US6054491 | 增进哺乳动物生长和生产产量的添加剂 |
| US5744502 | 增进禽类饲养和繁殖产量的添加剂 |
| EP1283038 | 调节时差 |
| WO03013556 | 作为治疗眼睛疾病、保持眼睛功能的药物成分 |
| WO03003848 | 虾青素双酯提高饲养鱼类的生长 |
| WO02094253 | 缓解眼睛自控能力偏差 |
| KR2000045197 | 含有壳寡糖和虾青素的健康营养品 |
| US6277417 | 通过虾青素抑制5-α还原酶的方法 |
| US2003/778304 | 抑制炎症因子和过氧化因子的表达方法 |
| IP10276721 | 含虾素的食物或饮料 |

其中US6258855、US6344214、US6433025是由美国西娅诺泰克申请的专利。

# 国内媒体对红色奇迹的报道（摘录）

中央人民广播电台

## "红色奇迹抗氧化健康中国行"
## 拟3年走遍全国

2015-11-23 23:08:00　来源：央广网　　"红色奇迹抗氧化健康中国行"拟3年走遍全国

　　央广网北京11月23日消息（记者冯会玲）　记者从近日召开的"红色奇迹抗氧化健康中国行启动仪式暨抗氧化与慢性病防治虾青素国际学术研讨会"上了解到，"红色奇迹抗氧化健康中国行"公益项目计划在3年内走进全国31个省、市、自治区，通过有组织、有计划地开展健康讲座、健康咨询、技术培训、慢性病早期筛查、健康干预等多种形式，让群众掌握抗氧化防治慢性病的方法。

　　卫生部原副部长、中国保健协会理事长张凤楼在会上表示，慢病已经成为当今世界的"头号杀手"，每年造成近3600万人死亡，占全球死亡总人数的60%以上，慢病防控形势非常严峻。他指出，只有把慢病防控教育变成全民参与的健康教育工程，提高民众防范慢病的意识，彻底改变不良生活方式，才能从根本上控制慢病的蔓延。

　　中国军事医学科学院原研究员孙存普介绍说，第一代抗氧化剂是维生素A、维生素C和维生素E，第二代为β胡萝卜素、辅酶Q10，SOD，第三代抗氧化剂为花青素、葡萄籽、蓝莓提取物、绿茶素、硫辛酸、番茄红素等植物提取物，虾青素则是最新一代抗氧化剂的代表。研究发现，虾青素的抗氧化能力为维生素C的6000倍、辅酶Q10的800倍、维生素E的550~1000倍、花青素的200倍。

　　来自美国的微藻科学家Dr.Gerald R Cysewski博士在会上介

绍说，虾青素属于类胡萝卜素复合物，1975年被确定了分子结构，直到1990年才发现其强大的抗氧化功能，当时被称为"超级维生素E"。Dr.Gerald R Cysewski博士说，欧美国家规范使用抗氧化剂虾青素用以提高机体免疫力、抵抗炎症及防治多种慢性疾病，如心血管疾病、糖尿病、肿瘤等，因虾青素这种红色的天然物质对健康有明显益处，所以被誉为"红色奇迹"。

虾青素分为天然和合成虾青素，但两者在成分和功效上有显著差异。Dr.Gerald R Cysewski博士说，微藻是天然虾青素的重要来源，雨生红球藻作为虾青素最丰富的天然来源，在全世界范围内获得广泛认可。

2010年，我国卫生部将雨生红球藻批准为新资源食品后，有关部门也迅速对其进行了全面检验。在经过了一系列上百次的严苛检验之后，发现雨生红球藻的虾青素含量丰富，而且没有任何毒副作用，而且国内尚无产品有类似功效，没有任何人工合成成分。天然虾青素产品被国家食品药品监督管理总局批准为保健食品，据了解，这是虾青素类首个进口保健食品。

本次会议由世界天然虾青素协会、中国医疗保健国际交流促进会主办，中国医促会亚健康专业委员会协办。来自美国夏威夷的世界天然虾青素协会牵头人Jam Lundeen、美国虾青素科学家西苏斯基博士（Dr.Gerald R Cysewski）及国内抗氧化与慢性病防治领域多位专家参与论坛。

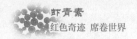
健康时报

# 中美专家共议"抗氧化与慢性病防治"

2015-11-21　来源：健康时报网责任编辑：吴茜茜

　　（健康时报记者马淑燕/文　王睿茜/图）"抗氧化能力为维生素C的6000倍、辅酶Q10的800倍、维生素E的550～1000倍、花青素的200倍……"记者在11月21日召开的"抗氧化与慢性病防治虾青素国际学术研讨会暨红色奇迹抗氧化健康中国行启动仪式"上，了解到一种风靡欧美等发达国家的强大天然抗氧化剂—虾青素。卫生部原副部长、中国保健协会理事长张凤楼在会上表示，慢病已经成为当今世界的"头号杀手"，每年造成近3600万人死亡，占全球死亡总人数的60%以上，慢病防控形势非常严峻。他指出，只有把慢病防控教育变成全民参与的健康教育工程，提高大众防范慢病的意识，彻底改变不良生活方式，才能从根本上控制慢病的蔓延和发展。

活动现场

中国军事医学科学院原研究员孙存普介绍说，第一代抗氧化剂是维生素A、C、E，第二代为β胡萝卜素、辅酶Q10，SOD，第三代抗氧化剂有花青素、葡萄籽、蓝莓提取物、绿茶素、硫辛酸、番茄红素，虾青素则是最新一代抗氧化剂的代表，被业内专家称为第五代抗氧化剂。

中国军事医学科学院原研究员孙存普接受采访

来自美国的虾青素科学家西苏斯基博士（Dr.Gerald R Cysewski）在会上表示，随着世界食品、医药工业的快速发展，各国对天然抗氧化剂的需求量越来越大，尤其是虾青素，在医药、食品、保健品、化妆品方面都具有广阔的应用前景。欧美发达国家规范运用抗氧化剂虾青素防治慢性病已较为成熟，广泛用于眼病、心血管疾病、糖尿病和肿瘤等疾病。据介绍，雨生红球藻作为虾青素最丰富的天然来源，在全世界范围内获得广泛认可。我国有关部门也迅速对其进行了全面检验。在经过了一系列上百次的严苛检验之后，发现雨生红球藻的虾青素含量丰富，而且没有任何毒副作用，而且国内尚无产品有类似功效，没有任何人工合成成分，这样的原生态产品对我国人民的健康有着极其重要的意义。自2010年卫生部将雨生红球藻(虾青素)批准为新资源食品以来，国内虾青素产业得到了快速发展，市场涌现了大批虾青素产品。但部分产品存在品质参差不齐、鱼目混珠的现象。为正本清源，明确虾青素行业最高标准；交流探讨虾青素的应用前景，提高我国医疗保健行业人员和消费者对优质天然抗氧化剂虾青素的认知，推动我国慢性病防治工作，特举办此次学术研讨会暨大型公益活动启动仪式。

红色奇迹抗氧化健康中国行项目启动仪式

本次会议由世界天然虾青素协会、中国医疗保健国际交流促进会主办，中国医促会亚健康专业委员会协办。来自美国夏威夷的世界天然虾青素协会牵头人Jam Lundeen、美国虾青素科学家西苏斯基博士（Dr.Gerald R Cysewski）及国内抗氧化与慢病防治领域多位专家参与论坛。此外，中国军事医学科学院原研究员孙存普教授出席会议并作了重要演讲。据了解，"红色奇迹抗氧化健康中国行"未来将覆盖全国31个省、市、自治区，时间将持续三年，将有组织、有计划地开展健康科普教育，采取健康讲座、健康咨询、技术培训、慢性病早期筛查、健康干预等多种形式，强调慢性病"防大于治"原则，让群众掌握抗氧化防治慢性病的方法。

新浪微博

## 11月21日，在北京召开的"抗氧化与慢性病防治虾青素国际学术研讨会暨红色奇迹抗氧化健康中国行启动仪式"

11月21日，在北京召开的"抗氧化与慢性病防治虾青素国际学术研讨会暨红色奇迹抗氧化健康中国行启动仪式"上，中国军事医学科学院原研究员孙存普说，虾青素作为最新一代抗氧化剂代表，抗氧化能力为维生素C的6000倍、辅酶Q10的800倍、维生素E的550～1000倍、花青素的200倍。

中国醫藥報
China Pharmaceutical News

往期回顾 返回目录

### 虾青素国际学术研讨会在京举行

本报讯 由世界天然虾青素协会、中国医疗保健国际交流促进会主办，中国医促会亚健康专业委员会协办的红色奇迹抗氧化健康中国行启动仪式暨抗氧化与慢性病防治虾青素国际学术研讨会11月21日在京举行。同时启动的"红色奇迹抗氧化健康中国行"公益项目，计划将在3年内走进全国31个省、市、自治区，通过有组织、有计划地开展健康讲座，让群众掌握抗氧化防治慢性病的方法。

据世界天然虾青素协会发起人Jan Lundeen介绍，大家现在所能见到的营养品和保健食品的原理几乎都是抗氧化，包括维生素C、E、辅酶Q10、花青素、菠萝正、螺旋藻、盐藻等，而虾青素则是目前人类发现的自然界最强的抗氧化剂。虾青素的抗氧化能力是维生素C的6000倍，是辅酶Q10的800倍，是维生素E的550～1000倍，是花青素的200倍……这也是虾青素被称为红色奇迹的原因。

中国中医科学院刘颖副研究员介绍，自由基也称作活性氧或游离基，当人们在食用加工食品、吸烟、过度饮酒、精神压力过大、紫外线照射等情况下，人体会出现更多自由基。自由基在体内时刻伺机寻找可结合分子并造成损害，或者转化为毒素渗透到细胞内部，甚至到达DNA所在的部位并展开。1998年，罗伯、勒雷滋、菲雷特3位科学家同时获得诺贝尔生理学和医学奖，缘于他们对自由基的研究和发现，他们经研究证实，人类备受衰老和疾病折磨的真正原因是自由基对人体的侵害，自由基是危害人类健康的天然杀手。虾青素通过抗氧化、清除人体内的自由基，从而改善人体的亚健康状态。

中国军事医学科学院孙存普研究员介绍，第五代抗氧化剂虾青素，在人体吸收率、稳定性方面，也大大优于第四代抗氧化剂用红球藻，而红球藻属因为含有1.5%～3.0%的虾青素，被我国有关部门批准为新资源食品，而虾青素产品，则是被国家食药监管总局批准的保健食品。 (顾昌起)

# 虾青素国际学术研讨会在京举行

本报讯　由世界天然虾青素协会、中国医疗保健国际交流促进会主办，中国医促会亚健康专业委员会协办的红色奇迹抗氧化健康中国行启动仪式暨抗氧化与慢性病防治虾青素国际学术研讨会11月21日在京举行。同时启动的"红色奇迹抗氧化健康中国行"公益项目，计划将在3年内走进全国31个省、市、自治区，通过有组织、有计划地开展健康讲座，让群众掌握抗氧化防治慢性病的方法。

据世界天然虾青素协会发起人Jam Lundeen介绍，大家现在所能见到的营养品和保健食品的原理几乎都是抗氧化，包括维生素C、E，辅酶Q10、花青素、碧萝芷、螺旋藻、盐藻等，而虾青素则是目前人类发现的自然界最强大的抗氧化剂。虾青素的抗氧化能力是维生素C的6000倍；是辅酶Q10的800倍；是维生素E的550~1000倍，是花青素的200倍……这也是虾青素被称为红色奇迹的原因。

中国中医科学院刘颖副研究员介绍，自由基也称活性氧或游离基，当人们在食用加工食品、吸烟、过度饮酒、精神压力过大、紫外线照射等情况下，人体会出现更多自由基。自由基在体内时刻伺机寻找可结合分子并造成损害；或者转化为毒素渗透到细胞内部，甚至到达DNA所在的部位并毁坏。1998年，罗佰、勒雷斯、菲雷特3位科学家同时获得诺贝尔生理学和医学奖，缘于他们对自由基的研究和发现。他们经研究证实，人类备受衰老和疾病折磨的真正原因是自由基对人体的侵害，自由基是危害人类健康的天然杀手。虾青素通过抗氧化、清除人体内的自由基，从而改善人体的亚健康状态。

中国军事医学科学院原研究员孙存普介绍，第五代抗氧化剂虾青素，在人体吸收率、稳定性方面，也大大优于第四代抗氧化剂雨生红球藻，雨生红球藻因为含有1.5%~3.0%的虾青素，被我国有关部

门批准为新资源食品，而虾青素产品，则是被国家食药监管总局批准的保健食品。(熊昌彪)

新华网

## 中美专家共议"抗氧化与慢性病防治"

2015年11月23日 11:01:33  来源：新华健康

新华网北京11月23日电（刘映） 和花青素等人们熟知的抗氧化剂相比，一种风靡欧美等国家的新一代天然抗氧化剂——虾青素正在走进人们的生活。11月21日，来自"红色奇迹抗氧化健康中国行启动仪式暨抗氧化与慢性病防治虾青素国际学术研讨会"上的专家透露，作为最新一代抗氧化剂的代表，虾青素在提高机体免疫力、抵抗炎症及防治多种慢性疾病方面，对健康有明显益处，并被誉为"红色奇迹"。

卫生部原副部长、中国保健协会理事长张凤楼表示，慢病已成为当今世界的"头号杀手"，每年造成近3600万人死亡，占全球死亡总人数的60%以上，慢病防控形势非常严峻。他指出，只有把慢病防

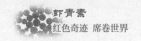

控教育变成全民参与的健康教育工程，提高民众防范慢病的意识，彻底改变不良生活方式，才能从根本上控制慢病的蔓延。

中国军事医学科学院原研究员孙存普介绍说，第一代抗氧化剂是维生素A、维生素C和维生素E，第二代为β胡萝卜素、辅酶Q10，SOD，第三代抗氧化剂为花青素、葡萄籽、蓝莓提取物、绿茶素、硫辛酸、番茄红素等植物提取物，虾青素则是最新一代抗氧化剂的代表。

来自美国的微藻科学家Dr.Gerald R Cysewski博士在介绍虾青素的发展历程时表示，"虾青素属于类胡萝卜素复合物，1975年被确定了分子结构，直到1990年才发现其强大的抗氧化功能，当时被称为'超级维生素E'。"Dr.Gerald R Cysewski博士说，欧美国家规范使用抗氧化剂虾青素用以提高机体免疫力、抵抗炎症及防治多种慢性疾病，如心血管疾病、糖尿病、肿瘤等，因虾青素这种红色的天然物质对健康有明显益处，所以被誉为"红色奇迹"。

据介绍，虾青素分为天然和合成虾青素，但两者在成分和功效上有显著差异。Dr.Gerald R Cysewski博士说，微藻是天然虾青素的重要来源，雨生红球藻作为虾青素最丰富的天然来源，目前已在全世界范围内获得广泛认可。

据了解，2010年，我国卫生部将雨生红球藻批准为新资源食品后，有关部门也迅速对其进行了全面检验。在经过了一系列上百次的严苛检验之后，发现雨生红球藻的虾青素含量丰富，天然虾青素产品也被国家食品药品监督管理总局批准为保健食品。据了解，这也是虾青素类首个进口保健食品。

据悉，本次会议由世界天然虾青素协会、中国医疗保健国际交流促进会主办，中国医促会亚健康专业委员会协办。来自美国夏威夷的世界天然虾青素协会牵头人Jam Lundeen、美国虾青素科学家西苏斯基博士（Dr.Gerald R Cysewski）及国内抗氧化与慢性病防治领域多位专家参与论坛。此外，中国军事医学科学院原研究员孙存普教授出席并作专题演讲。

　　此次国际学术论坛上启动的"红色奇迹抗氧化健康中国行"公益项目，计划将在3年内走进全国31个省、市、自治区，通过有组织、有计划地开展健康讲座、健康咨询、技术培训、慢性病早期筛查、健康干预等多种形式，让群众掌握抗氧化防治慢性病的方法。

## 世界上最好的保持健康的秘密：
## 虾青素
——

我无意抬高这个看似微小的海藻，但它确实令人着迷，近40年来，我终日与它为伴，但它的秘密我了解还不足30%，我不知道这个可爱的小东西身上还蕴藏着多少奥秘？

虾青素被发现至今已百余年。1938年，科学家从龙虾中首次分离出这种天然抗氧化剂，并命名为虾青素，随后的几十年里，对虾青素的研究成为一种风潮，世界各地的科学家对虾青素的兴趣愈加深厚，研究也达到了一个新高度。

虾青素是人类对抗衰老、对抗疾病的重要健康使者，它清除自由基，提高人体抗衰老能力，提高人体免疫力，能够穿透血脑屏障、血胰腺屏障、血睾屏障这三大人体主要屏障，因此是可以作用于脑细胞和眼球视网膜的唯一一种抗氧化剂。它超强的抗氧化性，为人们解决氧化应激类疾病，如糖尿病、高血压、动脉硬化、痛风等开启了全新的篇章。

20世纪70年代以来，已经有超过10万篇虾青素研究论文发表。虾青素对人类健康的重要性，继续促进了世界各地科学家对虾青素的研究，越来越多的研究表明，虾青素对眼睛、大脑、心脏、心脑血管、肠胃、糖尿病、肿瘤以及生殖方面具有重要的作用，在对抗衰老方面，更是被形容为"终极营养素"。

1976年，我在加利福尼亚州立大学圣巴巴拉分校化学和核子工程系任助理教授时，我就开始了对微藻的研究工作，并且，得到了美国国家科学基金会的支持，作为微藻领域研究组组长，来自国家的支持对我的研究工作意义重大。我的主要目标是通过对微藻的研究，最终实现微藻的产业化生产——包括雨生红球藻、螺旋藻等等——只有这样，才能把虾青素这样的健康使者带给全世界更多需要它的人们。

随着虾青素被越来越多的中国人民熟悉，我非常高兴能推荐这本书。与深奥的学术专著不同，这本书不仅通俗易懂，还给人以启迪，所以它的意义非同寻常。

它详细地介绍了虾青素的作用，这是经过40多年对虾青素的开创性研究得出的结果。我相信这本书有利于全世界的读者。它可以作为大家长期的参考，改善和指导今后若干年人体的整体健康。

Gerald R. Cysewski，Ph.D为本书作序（中文译文）

　　从20世纪初期人类发现来源于微藻类的虾青素，迄今为止，科学家还没有发现哪种物质比虾青素的抗氧化能力更强。同时，令人瞩目的、日益广泛的对虾青素抗氧化性能的研究和认知，开启了虾青素在人类营养健康领域应用的新天地。抗氧化对于人们防治疾病、延长生命、提高生命质量都是至关重要的。21世纪，抗氧化对健康的作用将会愈来愈引起人们的重视，虾青素这种目前最强的抗氧化物质，凭借其强大的抗氧化能力，必将成为备受人们信赖和欢迎的营养健康产品。

　　孙存普教授和田文勇先生是我的朋友，他们共同出版了这本《虾青素红色奇迹席卷世界》，我非常高兴能推荐这本书。希望它能对更多人的健康有所帮助！

　　　　　　　　　　　　　　　　　　　*Gerald R. Cysewski*

　　Gerald R. Cysewski，PH.D——杰瑞.西苏斯基博士，美国微藻科学家，Cyanotech Corporation首席科学家，从事微藻研究和生产近40年，被业内誉为"虾青素之父"。